创新型中等职业教育精品教材

计算机应用基础
项目教程实验指导

主编　赵国龙　陶轶铭

教·学
资·源

江苏大学出版社
JIANGSU UNIVERSITY PRESS

镇　江

内 容 提 要

　　本实验指导是《计算机应用基础项目教程》的配套用书，主要安排了与教材知识点相关的实验，以及多套全国计算机等级考试一级 MS Office 模拟试题。全书共分 6 个项目，包括计算机基础知识，使用 Windows 7 系统，使用 Word 2010 制作文档，使用 Excel 2010 制作电子表格，使用 PowerPoint 2010 制作演示文稿，局域网和 Internet 应用。

　　本书可作为中等职业技术院校及各类计算机教育培训机构的专用教材，也可供广大初、中级电脑爱好者自学使用。

图书在版编目（CIP）数据

计算机应用基础项目教程实验指导 / 赵国龙，陶轶铭主编. -- 镇江：江苏大学出版社，2014.6
（2025.3 重印）
　ISBN 978-7-81130-767-2

　Ⅰ. ①计… Ⅱ. ①赵… ②陶… Ⅲ. ①电子计算机-中等专业学校-教学参考资料 Ⅳ. ①TP3

中国版本图书馆 CIP 数据核字(2014)第 119826 号

计算机应用基础项目教程实验指导
Jisuanji Yingyong Jichu Xiangmu Jiaocheng Shiyan Zhidao

主　　编 / 赵国龙　陶轶铭
责任编辑 / 徐　婷
出版发行 / 江苏大学出版社
地　　址 / 江苏省镇江市京口区学府路 301 号（邮编：212013）
电　　话 / 0511-84446464（传真）
网　　址 / http://press.ujs.edu.cn
排　　版 / 三河市悦鑫印务有限公司
印　　刷 / 三河市悦鑫印务有限公司
开　　本 / 787 mm×1 092 mm　1/16
印　　张 / 7.5
字　　数 / 173 千字
版　　次 / 2014 年 6 月第 1 版
印　　次 / 2025 年 3 月第 9 次印刷
书　　号 / ISBN 978-7-81130-767-2
定　　价 / 24.80 元

如有印装质量问题请与本社营销部联系（电话：0511-84440882）

编 者 的 话

本实验指导是《计算机应用基础项目教程》的配套手册，主要安排了与教材知识点相关的实验，以及多套全国计算机等级考试一级 MS Office 模拟试题。

本实验指导特色

❖ **内容与教材匹配**：将实验内容按教材中的知识点分类组织，每个知识点都配有相应的案例和详细的操作步骤，学生可进行有针对性的上机练习。

❖ **案例精彩、实用**：实验案例既体现了相关的知识点，又具有极强的实用性，从而让学生轻松掌握相关知识，并能学以致用。

❖ **模拟试题丰富**：安排了多套全国计算机等级考试一级 MS Office 仿真试题，从而让学生轻松通过计算机一级 MS Office 等级考试。

本实验指导内容

❖ **项目一**：安排了组装计算机和数制转换等实验。
❖ **项目二**：安排了 Windows 7 基本操作、管理文件和文件夹等实验。
❖ **项目三**：安排了使用 Word 2010 制作公文、课程表、毕业设计和贺卡等实验。
❖ **项目四**：安排了使用 Excel 2010 制作登记表、工资表、图表和进货表等实验。
❖ **项目五**：安排了使用 PowerPoint 2010 制作产品演示 PPT、幼儿识图 PPT 等实验。
❖ **项目六**：安排了配置和访问局域网，以及浏览网页和收发电子邮件等实验。
❖ **其他**：安排了 5 套全国计算机等级考试一级 MS Office 仿真试题。

本实验指导教学资源下载

本实验指导所用到的全部素材和制作的全部实例都已整理和打包，读者可以登录文旌综合教育平台"文旌课堂"（www.wenjingketang.com）下载。

本实验指导由赵国龙、陶轶铭担任主编，苏吉金担任副主编。

由于编者水平有限，书中疏漏与不当之处在所难免，敬请广大读者批评指正。

目 录

项目一 计算机基础知识 ··· 1
 实验一 组装计算机 ··· 1
 实验二 不同数制的转换 ··· 8

项目二 使用 Windows 7 系统 ·· 10
 实验一 Windows 7 基本操作 ·· 10
 实验二 管理文件和文件夹 ··· 11
 实验三 系统管理和应用 ··· 13
 实验四 管理和维护磁盘 ··· 16

项目三 使用 Word 2010 制作文档 ······································ 19
 实验一 制作请示文档 ··· 19
 实验二 制作课程表 ··· 21
 实验三 制作毕业设计文档 ··· 24
 实验四 制作情人节贺卡 ··· 32
 实验五 批量制作成绩通知单 ··· 35

项目四 使用 Excel 2010 制作电子表格 ·································· 39
 实验一 制作学生信息登记表 ··· 39
 实验二 制作工资表 ··· 41
 实验三 制作工资表图表 ··· 45
 实验四 分析进货表数据 ··· 49
 实验五 制作水电费统计表 ··· 54

项目五 使用 PowerPoint 2010 制作演示文稿 ···························· 56
 实验一 制作幼儿识图演示文稿 ······································· 56
 实验二 制作产品宣传演示文稿 ······································· 63
 实验三 编辑回到童年演示文稿 ······································· 70

项目六 局域网和 Internet 应用 ·· 77
 实验一 配置网络及使用局域网资源 ··································· 77

实验二 检索和收藏网页 ·· 80

实验三 申请邮箱并收发电子邮件 ·· 82

全国计算机等级考试一级 MS Office 模拟试题 ···················· 86

模拟试题（一） ·· 86

模拟试题（二） ·· 91

模拟试题（三） ·· 97

模拟试题（四） ·· 103

模拟试题（五） ·· 108

参考文献 ·· 113

项目一　计算机基础知识

实验一　组装计算机

实验描述

为了能更好地选购、使用与维护计算机，有必要掌握组装计算机的方法。下面就来练习组装计算机的相关操作。

实验步骤

一、准备装机工具

在组装计算机之前，需要先准备好一些常用的工具和材料，如螺丝刀和导热硅脂等。

> **螺丝刀**：计算机的大多数配件都是通过螺钉固定的，因此螺丝刀是装机必不可少的工具。建议至少准备一字和十字螺丝刀各一把，如图 1-1 所示。

> **导热硅脂**：为了使 CPU 散热器能与 CPU 充分接触，需要在两者之间抹一层导热硅脂，如图 1-2 所示。

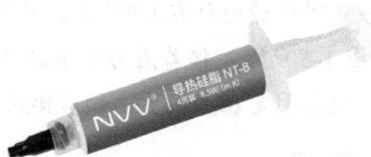

图 1-1　螺丝刀　　　　　　　　　　　图 1-2　导热硅脂

二、组装计算机

组装计算机可以分成两大步骤：第一步是把 CPU、主板、硬盘、显卡等配件安装到主机里；第二步是将键盘、鼠标、显示器等外部设备连接到主机上。组装计算机需要按照正确的流程进行，还应注意防静电、防液体、防粗暴安装等。

1. 安装 CPU 和 CPU 散热器

在把主板装入机箱之前，应先把 CPU 及内存安装到主板上，因为安装这两种配件在机箱外操作起来更加方便。下面是安装 CPU 及 CPU 散热器的具体操作步骤。

步骤 1▶ **安装 CPU。** 将主板 CPU 插座旁的压杆向下微压，同时往外侧扳动，使其脱离固定卡扣，然后向上拉起，使其与主板成 90°，如图 1-3 所示，再将固定 CPU 的扣盖打开。

步骤 2▶ 将 CPU 放到主板的 CPU 插座中，放置时要注意 CPU 应与主板插座上的针脚相对应，如图 1-4 所示。放置好 CPU 后，盖好扣盖，并反方向微用力扣下固定 CPU 的压杆，使其被固定卡扣扣住，此时 CPU 便被稳稳地安装到了主板上。

图 1-3　拉起拉杆

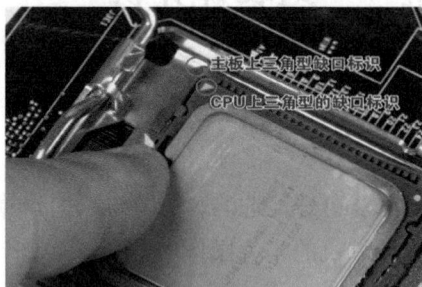

图 1-4　安装 CPU

提示

　　仔细观察 CPU 的正面，会发现某个角有一个金色三角形符号，同时在主板插座上有个角呈扁三角形状（或同样有个金色三角形符号）。安装时，将 CPU 有金色三角形的一角对准插座上呈扁三角形的一角，就能确定 CPU 的安装方向（这种方法适用于所有品牌和规格的 CPU 的安装）。

步骤 3▶ **安装 CPU 散热器。** 在 CPU 的背面均匀地涂上薄薄的一层导热硅脂，然后将 CPU 散热器平稳地放在 CPU 上，并将散热器的 4 个卡扣对准主板 CPU 插座旁的 4 个孔位，如图 1-5 所示，接着用力压下这 4 个卡扣（可先压下对角线上的两个卡扣，再压另外两个），使其固定在主板上，最后按照卡扣上的图示将卡扣旋转 45°。

提示

　　一般 CPU 原装散热器的底部接触面上都会预先涂好导热硅脂，无需再另行涂抹。如果用户安装的是第三方散热器且该散热器没有涂抹导热硅脂，则需要在 CPU 上涂抹一些导热硅脂，以使 CPU 背面能够与散热器更好地接触。

步骤 4▶ 将散热器的电源线插入主板相应的接口，如图 1-6 所示。通常主板上接 CPU 散热器电源线的接口标识符为 CPU_FAN。

图1-5　安装CPU散热器　　　　　　　　图1-6　插入散热器电源线

2．安装内存条

步骤1▶　主板上一般会提供2个或4个内存插槽，将要安装内存的插槽两端的扣具向外侧扳动，如图1-7所示。

步骤2▶　拿起内存，将内存金手指的凹口对准内存插槽内的凸起，用两手的拇指按住内存两端轻微向下压，当听到"啪"的一声后，说明内存已安装到位，此时内存插槽两端的扣具将自动扣住内存，如图1-8所示。

步骤3▶　如果需要安装第二条内存，操作同上，如图1-9所示。

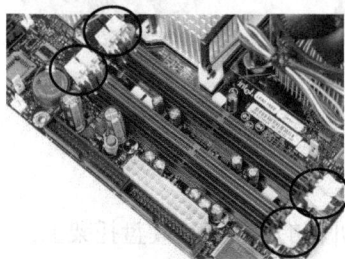

图1-7　打开内存插槽扣具　　　　图1-8　安装内存　　　　图1-9　安装双内存

3．安装主板

步骤1▶　观察机箱背部的I/O挡板，看其提供的孔位是否与主板提供的I/O接口对应。如果不对应，需要向里将其推出，然后放上主板提供的挡板，如图1-10所示。

步骤2▶　将主板垫脚螺母拧入机箱中主板托架的相应位置（用来固定主板，有些机箱在购买时就已经安装好垫脚螺母），注意拧紧，如图1-11所示。注意，拧入螺母前先观察一下主板上的螺钉孔位置，以做到一一对应。

步骤3▶　对照主板上的螺钉孔，依次检查各垫脚螺母的位置是否正确，确认无误后双手水平托住主板，将其放入机箱，如图1-12所示。放入主板时应注意将主板的I/O接口与机箱上的I/O挡板对应（见图1-13），并且主板螺钉孔与垫脚螺母的位置也应一一对应。

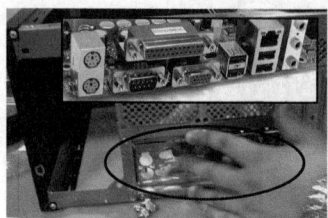 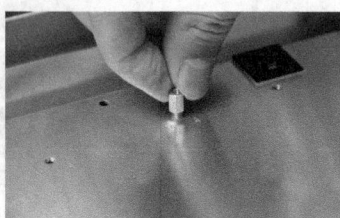 

图 1-10　更换主板槽口挡板　　图 1-11　安装主板垫脚螺母　　图 1-12　将主板放入机箱

　　步骤 4▶ 用螺丝刀向主板各螺钉孔位拧入螺钉，固定好主板，如图 1-14（a）所示。注意不要一次性拧紧每颗螺钉，而是等全部螺钉都安装到位后，再将每颗螺钉拧紧，这样做的好处是可以随时对主板的位置进行调整。主板安装完成的效果如图 1-14（b）所示。

　　　　　　　　　　　　　　　　　　（a）　　　　　　　　　　　（b）

图 1-13　确定主板是否安装正确　　　　图 1-14　固定主板及安装效果

4. 安装硬盘和光驱

　　在安装完 CPU、内存和主板之后，需要将硬盘固定在机箱的 3.5 英寸硬盘托架上。只需要将硬盘放入机箱硬盘托架中（硬盘有保护盖的一侧向上，有接口的一侧向外），然后用螺钉从机箱两侧固定住硬盘即可，如图 1-15 所示。

图 1-15　将硬盘固定在机箱上

　　要安装光驱，可先安装光驱滑槽（见图 1-16，部分机箱不需要安装光驱滑槽），然后拆除机箱正面的光驱挡板，从外将光驱推入机箱托架（见图 1-17），当光驱面板和机箱前面板持平时，用螺钉从机箱两侧固定好光驱即可，如图 1-18 所示。

图 1-16　安装光驱滑槽

图 1-17　将光驱推入机箱托架

图 1-18　光驱安装完毕

5. 安装显卡

步骤 1▶　在主板上找到 PCI-E 显卡插槽的位置，如图 1-19 所示。

步骤 2▶　用手轻握显卡两端，垂直对准主板上的显卡插槽，并将其接口与机箱后置挡板上的 I/O 接口位置对齐后，向下轻压以将显卡安装到显卡插槽中，如图 1-20 所示。

图 1-19　PCI-E 显卡插槽

图 1-20　安装显卡

6. 安装电源及连接各种数据线和电源线

步骤 1▶　安装电源。电源的安装比较简单，只需将电源放入机箱中安装电源的位置，然后用螺钉固定即可，如图 1-21 所示。

步骤 2▶　连接硬盘的数据线和电源线。将硬盘数据线的一端插入主板的 SATA 接口，如图 1-22（a）所示，另一端插入硬盘的数据线接口，最后插入 SATA 电源接头，如图 1-22（b）所示。

（a）

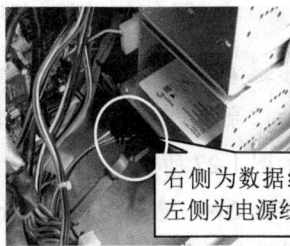
右侧为数据线，左侧为电源线
（b）

图 1-21　安装机箱电源

图 1-22　连接硬盘的数据线和电源线

提示

电源的接头用来为机箱内的一些设备供电，主要有主板电源接头（有 24 针和 20 针两种）、硬盘/光驱电源接头、显卡电源接头等，如图 1-23 所示；硬盘和光驱数据线如图 1-24 所示。计算机的各电源线和数据线接口都有防呆设计，如果插不进去需要换一个方向再插，注意不要使用暴力。

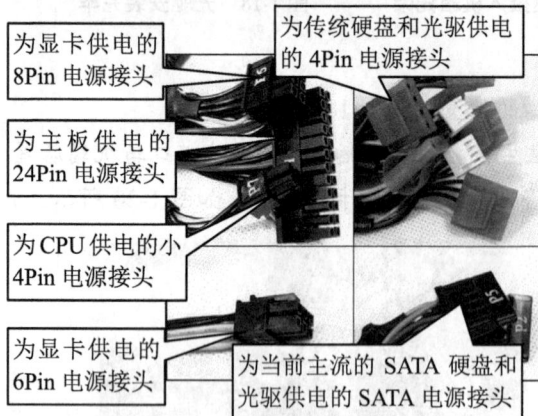

图 1-23 电源接头

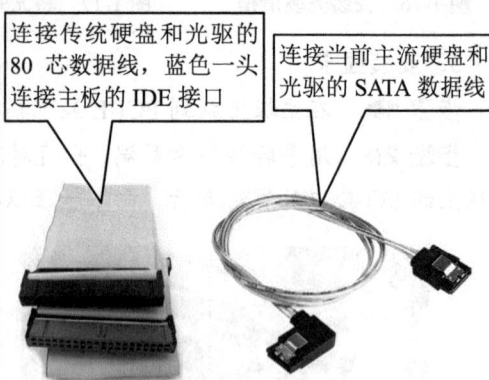

图 1-24 硬盘和光驱数据线

步骤 3▶ 将为主板供电的 24Pin 电源接头插入主板的相应插座，如图 1-25 所示；将为 CPU 供电的 4Pin 或 8Pin 电源接头插入主板的 CPU 电源插座（通常在 CPU 旁边），如图 1-26 所示。

图 1-25 连接主板电源线

图 1-26 连接 CPU 电源供电接口

步骤 4▶ 连接机箱上的电源开关、重启按钮、硬盘工作指示灯，以及前置 USB 接口等的信号线。连接时，需要参考主板使用手册，将机箱上的各信号线插入主板的相应接口，如图 1-27 所示。

步骤 5▶ 最后对机箱内的各种线缆进行简单的整理，为计算机提供良好的散热空间，至此计算机主机安装完成。

机箱上的电源开关、
重启按钮等的信号线

主板上用来连接机箱电源开
关、重启按钮等信号线的接口

主板上用来连接机箱前
置 USB 信号线的接口

机箱前置 USB
接口信号线

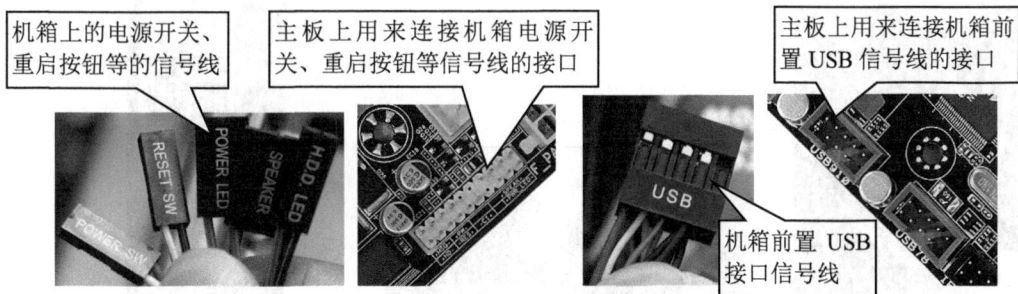

图 1-27 连接机箱信号线

7. 连接计算机的外部设备

计算机主机内的部件都安装到位并检查无误后，就可以把机箱封上并上紧螺钉，然后
连接鼠标、键盘、显示器和网线等，具体操作如下。

步骤 1▶ 将 USB 键盘与鼠标连接到主机箱背后的 USB 接口中，如图 1-28 所示。

注意对准孔
位。若插不
进去，换一
个方向再插

图 1-28 连接键盘与鼠标

步骤 2▶ 如果显示器使用的是 DVI 数据线，则将 DVI 数据线接头插到主机箱背后
的显卡 DVI 接口中，然后拧紧接头两侧的螺丝，如图 1-29 所示；如果显示器使用的是 HDMI
或 DP 数据线，则将数据线接头插入显卡的 HDMI 或 DP 接口，如图 1-30 所示。

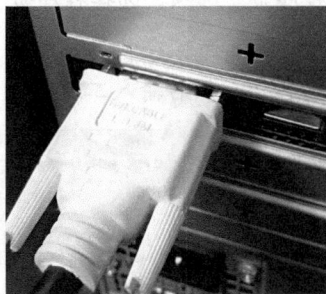

图 1-29 连接 DVI 显示器数据线   图 1-30 连接 DP 显示器数据线

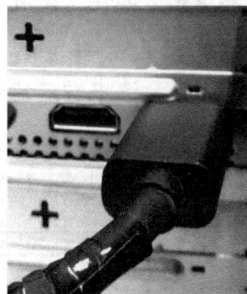

步骤 3▶ 将网线连接至网络接口（注意对准凹口），如图 1-31 所示；将电源线的一
端连接到主机箱上的电源插孔中，如图 1-32 所示；将主机、显示器的电源线连接到电源
插座上。计算机连接完成后的主机背面效果如图 1-33 所示。

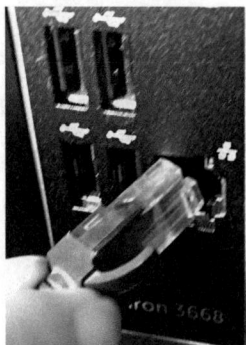

图 1-31　连接网卡　　　图 1-32　连接电源线　　　图 1-33　计算机连接完成效果图

实验二　不同数制的转换

实验描述

熟悉计算机中不同的数制表示并掌握利用计算器进行数制转换的操作方法。

实验步骤

步骤 1▶　单击"开始"按钮，在展开的列表中依次选择"所有程序"/"附件"/"计算器"选项，打开"计算器"程序窗口。

步骤 2▶　选择"查看"/"程序员"选项，选择程序员专用的计算器类型，如图 1-34 所示。

步骤 3▶　选中"二进制"单选钮，然后输入二进制数 10100110，如图 1-35 所示。

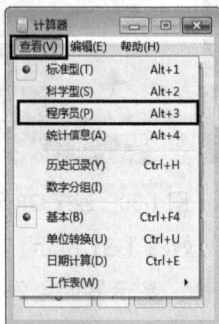

图 1-34　选择计算器类型　　　　　图 1-35　输入二进制数

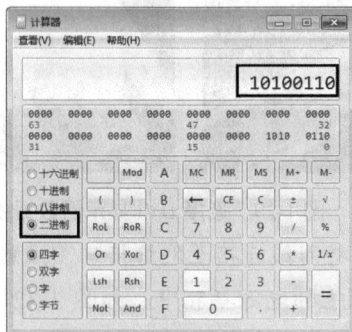

步骤 4▶ 选中"八进制"单选钮,则二进制数 10100110 转换成相应的八进制数 246,如图 1-36 所示。

步骤 5▶ 选中"十进制"单选钮,则二进制数 10100110 转换成相应的十进制数 166,如图 1-37 所示。

图 1-36 转换为八进制数   图 1-37 转换为十进制数

步骤 6▶ 选中"十六进制"单选钮,则二进制数 10100110 转换成相应的十六进制数 A6。

步骤 7▶ 参考以上方法对其他进制数进行转换。

项目二　使用 Windows 7 系统

实验一　Windows 7 基本操作

实验描述

Windows 7 的基本操作包括使用"开始"菜单，以及操作窗口和对话框等。下面，我们使用"开始"菜单打开"写字板"程序，然后在其中输入一篇短文，并以"抉择"为名保存在系统默认的文件夹中，以此练习 Windows 7 的基本操作。

实验步骤

步骤 1▶ 单击"开始"按钮，在展开的列表中依次选择"所有程序"/"附件"/"写字板"选项，如图 2-1（a）所示，启动"写字板"程序。

步骤 2▶ 输入如图 2-1（b）所示的文本，然后单击"写字板"按钮，在展开的列表中选择"保存"选项，如图 2-1（c）所示。

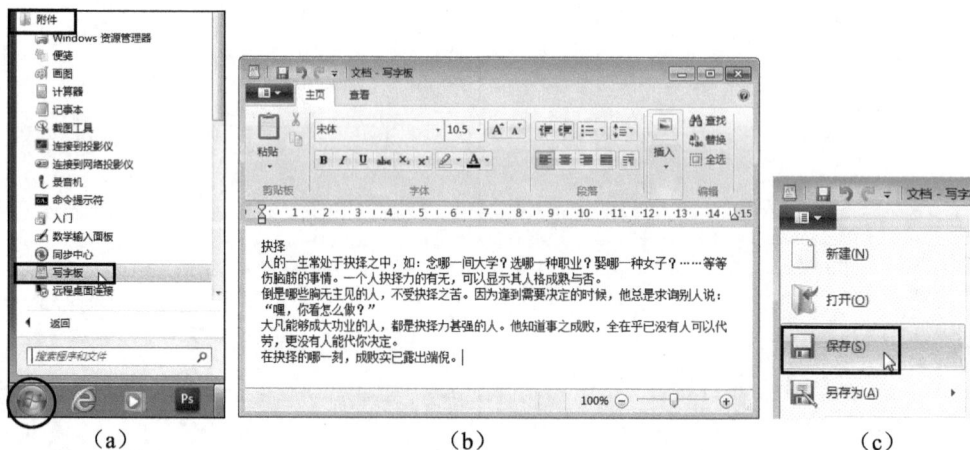

图 2-1　启动写字板程序、输入短文内容并保存

步骤 3▶ 在打开的"保存为"对话框中输入文件名"抉择"，然后单击"保存"按钮。

实验二 管理文件和文件夹

实验描述

管理文件和文件夹是使用计算机时最基本的操作。下面在 D 盘根目录下创建一个名为"参考资料"的文件夹，然后将"库"/"文档"中的"抉择"文件设置为"只读"属性，并将其复制到"参考资料"文件夹中，再将"参考资料"文件夹重命名为"学习资料"，最后搜索"抉择"文件，将其在"库"/"文档"中的那份移至回收站。

实验步骤

一、新建文件或文件夹

步骤1▶ 双击桌面上的"计算机"图标，在打开的窗口中双击 D 盘图标，进入 D 盘窗口。单击窗口工具栏中的"新建文件夹"按钮，创建一个文件夹，如图 2-3 所示。

步骤2▶ 输入新文件夹的名称"参考资料"，如图 2-2 所示。

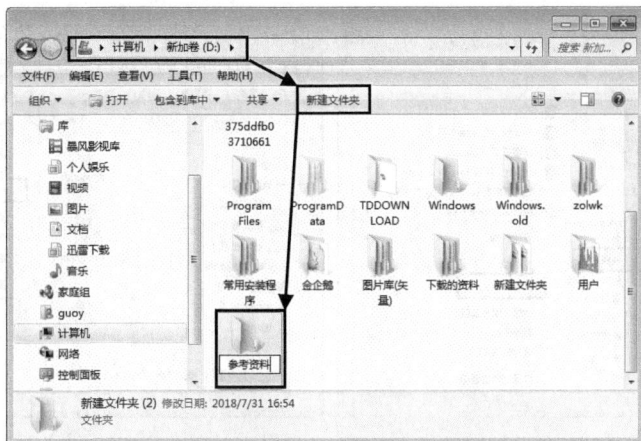

图 2-2 新建"参考资料"文件夹

二、设置文件或文件夹的属性

步骤1▶ 找到前面保存的"抉择"文件并右击，在弹出的快捷菜单中选择"属性"选项，如图 2-3（a）所示。

步骤2▶ 在打开的文件属性对话框的"常规"选项卡下选中"只读"复选框，然后单击"确定"按钮，如图 2-3（b）所示。

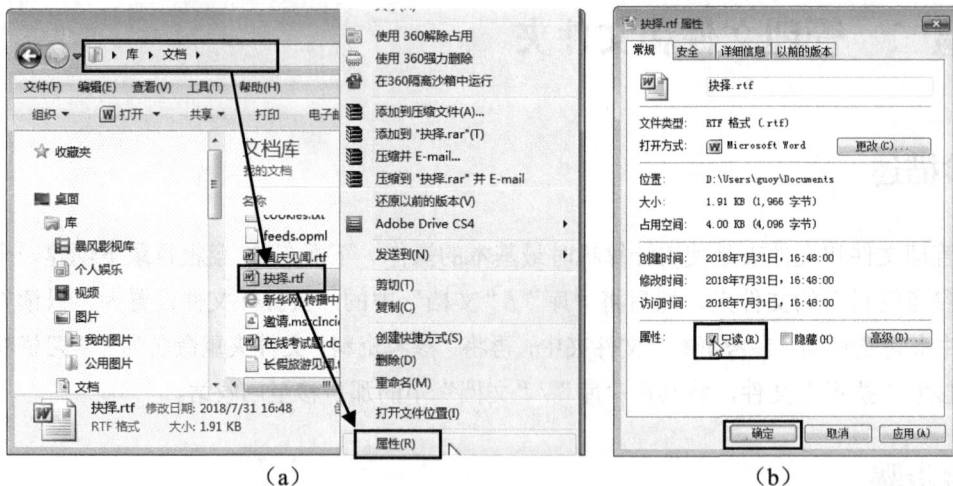

图 2-3　设置文件的只读属性

三、复制、重命名文件或文件夹

步骤 1▶　右击"抉择"文件，在弹出的快捷菜单中选择"复制"选项，如图 2-4（a）所示，然后找到新建的"参考资料"文件夹并右击，在弹出的快捷菜单中选择"粘贴"选项，如图 2-4（b）所示，将文件复制到该文件夹中。

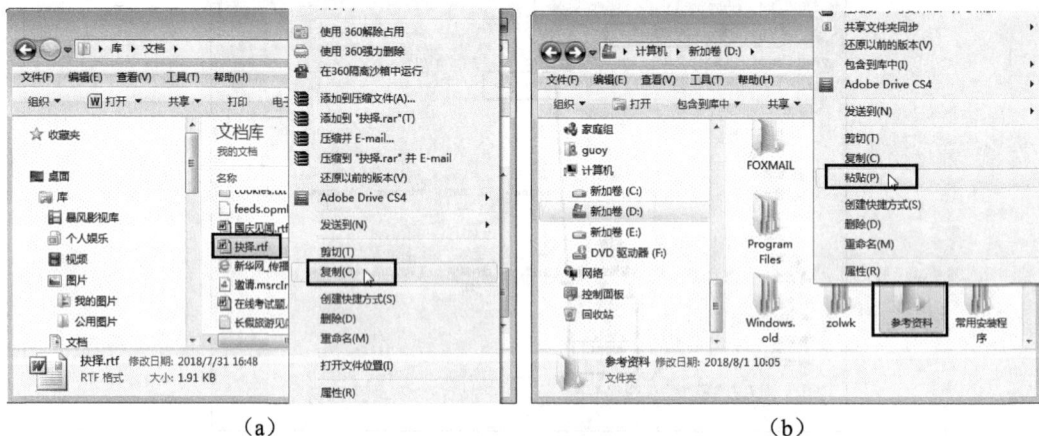

图 2-4　复制文件

步骤 2▶　右击"参考资料"文件夹，在弹出的快捷菜单中选择"重命名"选项，如图 2-5（a）所示，然后输入文件夹的新名称"学习资料"，如图 2-5（b）所示。

四、搜索、删除文件或文件夹

步骤 1▶　在"计算机"窗口右上角的搜索框中输入"抉择"，系统自动开始搜索，等待一段时间即可显示搜索的结果，如图 2-6 所示。

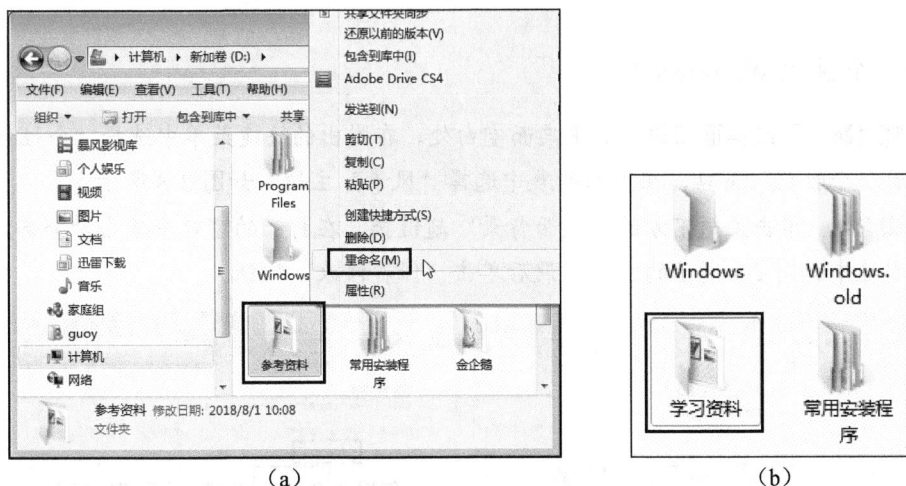

（a）   （b）

图 2-5 重命名文件夹

步骤 2▶   右击要删除的"我的文档"中的"抉择"文件，在弹出的快捷菜单中选择"删除"选项（见图 2-7），在打开的提示对话框中单击"是"按钮，即可将其移至回收站。

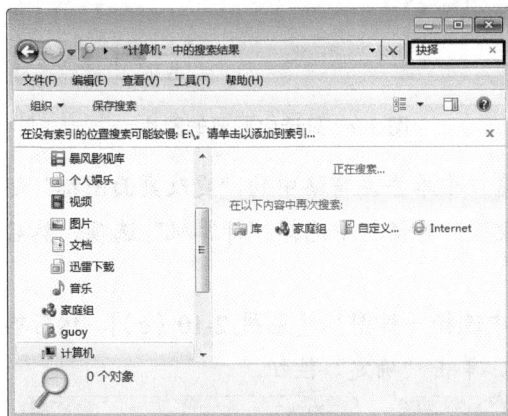

图 2-6 搜索文件

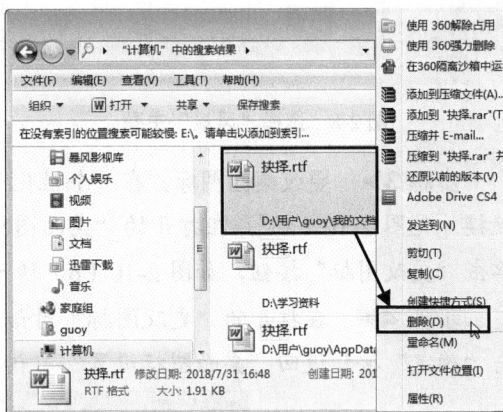

图 2-7 删除文件

实验三   系统管理和应用

实验描述

下面先将 Windows 7 的默认主题更改为"风景"，再将桌面背景设置为主题图片中的一张，接着更改桌面上的"计算机"图标，然后创建一个带密码的"燕南"用户账户，再在计算机中安装 QQ 五笔输入法，卸载暴风影音，最后将红心大战游戏组件删除。

实验步骤

一、个性化 Windows 7

步骤1▶ 更改桌面背景。右击桌面空白处，在弹出的快捷菜单中选择"个性化"选项，打开"个性化"窗口，在主题列表中选择"风景"主题，如图2-8所示。

步骤2▶ 单击主题下方的"桌面背景"超链接，在打开的窗口中单击"全部清除"按钮，再选中如图2-9所示的图片，最后单击"保存修改"按钮。

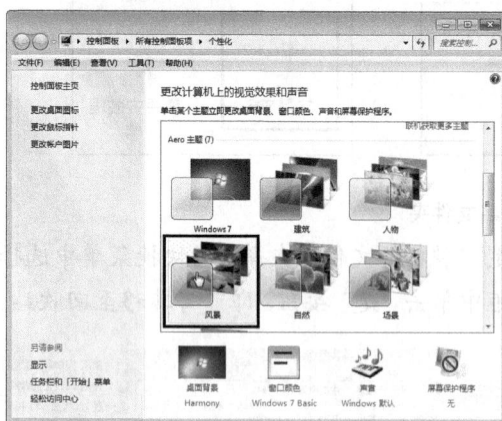

图 2-8 选择"风景"主题

图 2-9 只选中需要的图片

步骤3▶ 更改桌面图标。在"个性化"窗口中单击左窗格中的"更改桌面图标"超链接［见图 2-10（a）］，在打开的"桌面图标设置"对话框中选择"计算机"选项，然后单击"更改图标"按钮，如图 2-10（b）所示。

步骤4▶ 在打开的"更改图标"对话框中选择一种图标［见图 2-10（c）］，然后单击"确定"按钮返回"桌面图标设置"对话框，单击"确定"按钮。

（a）　　　　　　　　（b）　　　　　　　　（c）

图 2-10 更改"计算机"图标

二、创建和管理用户账户

步骤 1▶ 创建用户账户。单击"开始"按钮,在展开的列表中选择"控制面板"选项,打开"控制面板"窗口。单击"添加或删除用户账户"超链接,打开"管理账户"窗口。

步骤 2▶ 在"管理账户"窗口中单击"创建一个新账户"超链接,打开"创建新账户"窗口,输入新账户名称"燕南",保持默认的"标准用户"单选钮的选中状态,单击"创建账户"按钮,如图 2-11 所示,即可创建一个新账户。

步骤 3▶ 为创建的用户账户设置密码。在"管理账户"窗口中单击新创建的"燕南"用户账户,打开"更改账户"窗口,单击"创建密码"超链接,如图 2-12 所示。

步骤 4▶ 在打开的窗口中根据提示输入密码,然后单击"创建密码"按钮。

步骤 5▶ 在图 2-12 中单击左侧的"更改图片"超链接,然后在打开的窗口中可更改用户账户的显示图片。

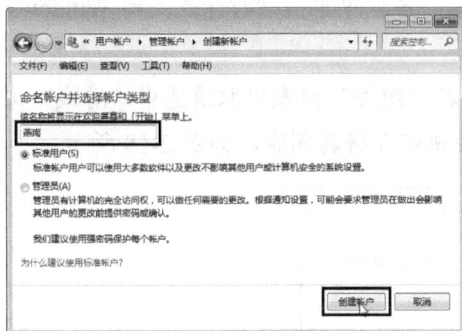

图 2-11　创建新账户　　　　　　　　　图 2-12　单击"创建密码"超链接

三、安装和卸载应用程序

步骤 1▶ 安装应用程序。下载并找到"QQ五笔输入法 2.0"安装文件,然后双击,在打开的"用户账户控制"提示对话框中单击"是"按钮(由于安装了杀毒软件,所以会出现该提示对话框)。

步骤 2▶ 在打开的安装向导对话框中单击"下一步"按钮,如图 2-13 所示,然后按提示进行相应操作。

图 2-13　安装"QQ 五笔输入法"

步骤 3▶ 卸载应用程序。在"开始"菜单或"程序和功能"窗口中找到要卸载的应用程序"暴风影音 5",选择"卸载暴风影音 5"选项或单击"卸载/更改"按钮,如图 2-14 所示,然后按提示进行操作。

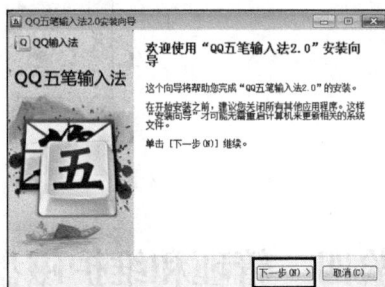

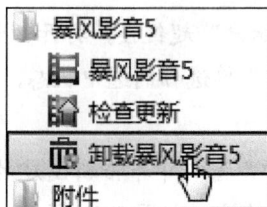

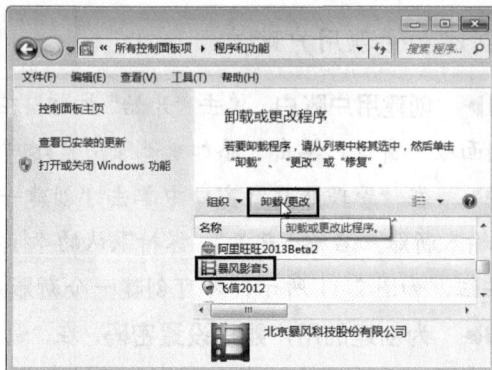

图 2-14　卸载"暴风影音 5"

四、添加或删除 Windows 7 组件

步骤 1▶　在如图 2-14 所示的"程序和功能"窗口中单击"打开或关闭 Windows 功能"超链接。

步骤 2▶　打开"Windows 功能"对话框,在"组件"列表中取消选中"游戏"文件夹中的"红心大战"游戏,然后单击"确定"按钮即可将其删除,如图 2-15 所示。

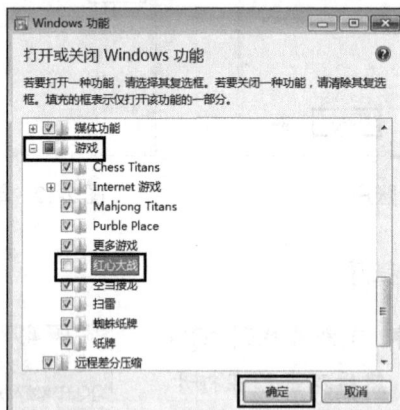

图 2-15　删除"红心大战"游戏

实验四　管理和维护磁盘

实验描述

下面先使用磁盘清理工具清理 D 盘,然后使用磁盘碎片整理工具整理 C 盘,以此学习管理和维护磁盘的方法。

实验步骤

一、使用磁盘清理工具清理 D 盘

步骤 1▶ 单击"开始"按钮，然后依次选择"所有程序"/"附件"/"系统工具"/"磁盘清理"选项，打开"磁盘清理: 驱动器选择"对话框，在"驱动器"下拉列表框中选择需要清理的磁盘驱动器，此处为 D 盘，单击"确定"按钮，如图 2-16（a）所示。

步骤 2▶ 系统首先对磁盘进行检查，统计可以释放多少空间，统计结束后，弹出如图 2-16（b）所示的对话框，在"要删除的文件"列表框中选择需要清理的选项，然后单击"确定"按钮，再在弹出的提示对话框中单击"删除文件"按钮，即可开始清理文件。

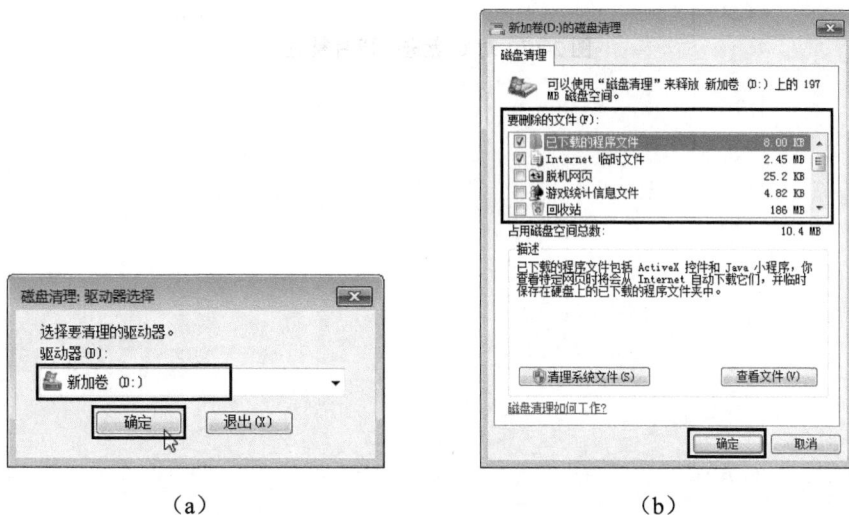

（a）　　　　　　　　　　　　　　（b）

图 2-16　清理 D 盘

二、使用磁盘碎片整理工具整理 C 盘

步骤 1▶ 单击"开始"按钮，然后依次选择"所有程序"/"附件"/"系统工具"/"磁盘碎片整理程序"选项，打开"磁盘碎片整理程序"对话框。

步骤 2▶ 在"当前状态"列表框中选择要整理碎片的 C 盘，如图 2-17（a）所示，然后单击"磁盘碎片整理"按钮。

步骤 3▶ 系统首先会分析磁盘，接着开始整理磁盘碎片，如图 2-17（b）所示。整理完成后单击"关闭"按钮，将"磁盘碎片整理程序"对话框关闭。

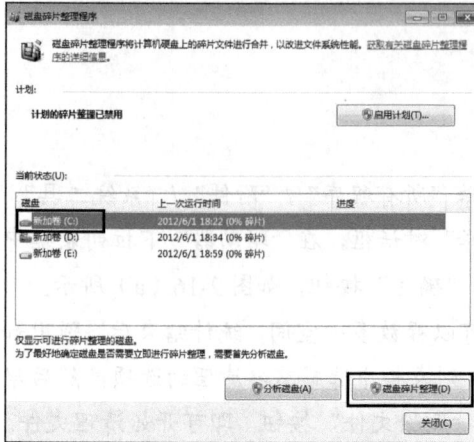 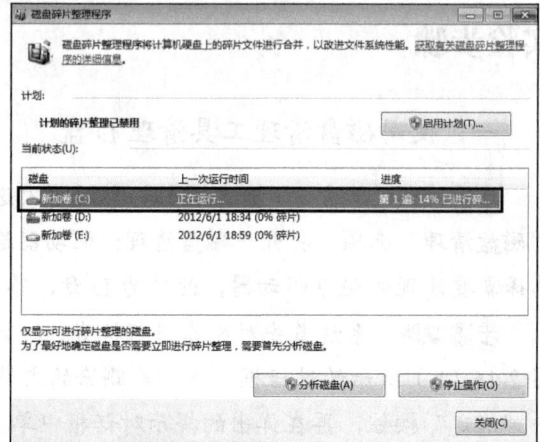

（a）　　　　　　　　　　　　　（b）

图 2-17　对 C 盘进行碎片整理

项目三 使用 Word 2010 制作文档

实验一 制作请示文档

实验描述

下面通过制作如图 3-1 所示的请示文档，练习文档的创建与保存，文本的输入与编辑，以及设置字符和段落格式等操作。

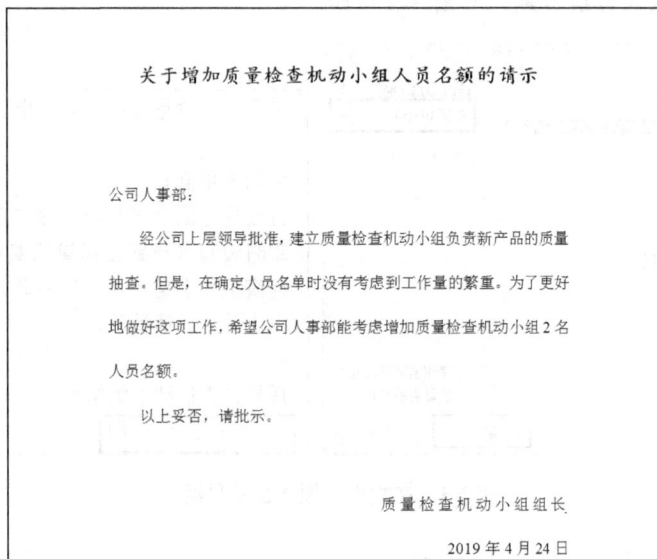

关于增加质量检查机动小组人员名额的请示

公司人事部：

　　经公司上层领导批准，建立质量检查机动小组负责新产品的质量抽查，但是，在确定人员名单时没有考虑到工作量的繁重。为了更好地做好这项工作，希望公司人事部能考虑增加质量检查机动小组 2 名人员名额。

　　以上妥否，请批示。

质量检查机动小组组长

2019 年 4 月 24 日

图 3-1　请示文档最终效果

实验步骤

一、新建请示文档并输入内容

步骤 1▶ 启动 Word 2010 或在已启动的 Word 2010 界面中按 "Ctrl+N" 组合键，创建一个新文档。

步骤 2▶ 输入文本 "关于增加质量检查机动小组人员名额的请示"，然后按 "Enter"

键插入一个空行；再次按"Enter"键开始一个新段落，然后输入"公司人事部："文本。使用相同的方法输入其他文本，效果如图3-2所示。

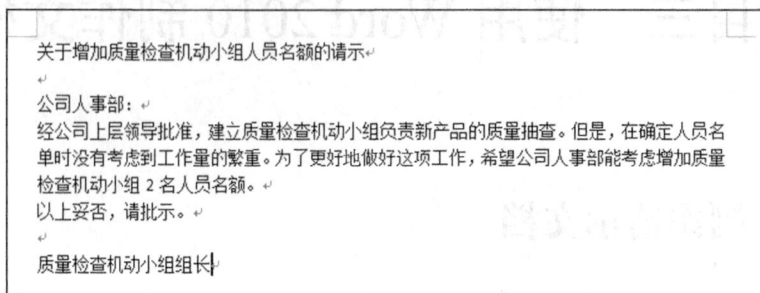

关于增加质量检查机动小组人员名额的请示

公司人事部：
经公司上层领导批准，建立质量检查机动小组负责新产品的质量抽查。但是，在确定人员名单时没有考虑到工作量的繁重。为了更好地做好这项工作，希望公司人事部能考虑增加质量检查机动小组2名人员名额。
以上妥否，请批示。

质量检查机动小组组长

图 3-2　输入文本后的效果

步骤 3▶ 将插入点置于文档结尾处，按"Enter"键开始下一个段落，然后单击"插入"选项卡"文本"组中的"日期和时间"按钮，在打开的对话框的"语言"下拉列表中选择"中文（中国）"选项；在"可用格式"列表中选择第2种日期格式，单击"确定"按钮，在文档中插入当前日期，如图3-3所示。

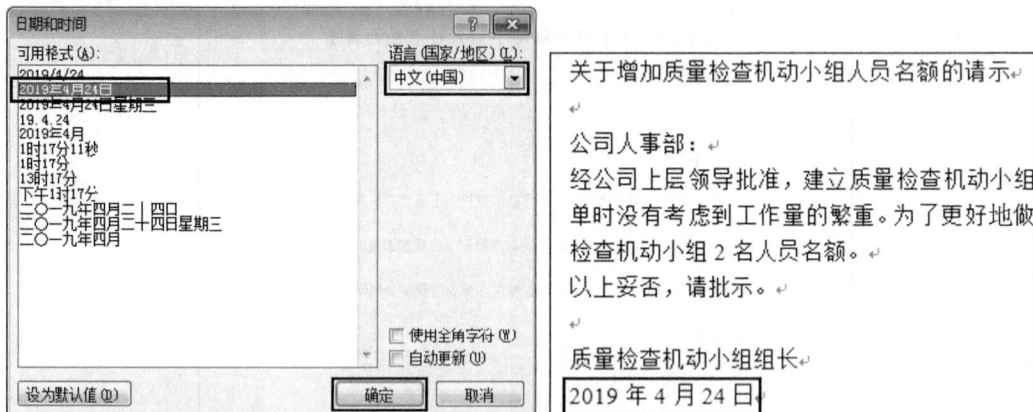

图 3-3　在文档中插入当前日期

二、设置请示文档的文本格式

步骤 1▶ 选中要设置格式的标题文本，在"开始"选项卡"字体"组的"字体"下拉列表中选择"华文楷体"选项；在"字号"下拉列表中选择"小二"选项，然后单击"加粗"按钮，如图3-4所示。

步骤 2▶ 选中文档的其他内容，然后在"字体"下拉列表中选择"Times New Roman"选项；在"字号"下拉列表中选择"四号"选项。

关于增加质量检查机动小组人员名额的请示

公司人事部：

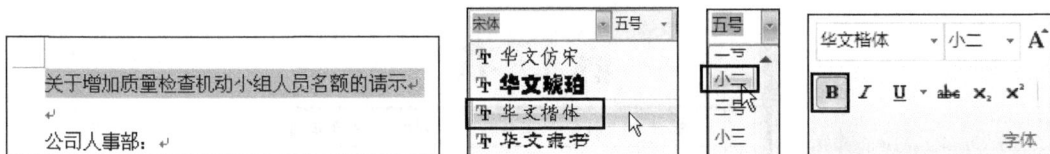

图 3-4　设置标题文本的字符格式

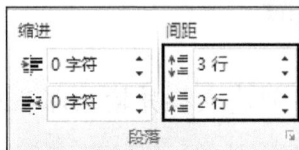

步骤 3▶　选中倒数第二段文本，然后单击"字体"组右下角的对话框启动器按钮，打开"字体"对话框，切换到"高级"选项卡，然后设置所选文本的"间距"为"加宽"，"磅值"为"1.5 磅"，单击"确定"按钮，如图 3-5 所示。

步骤 4▶　在第一行中单击，将插入点置于该段落中，然后单击"开始"选项卡"段落"组中的"居中"按钮，再在"页面布局"选项卡的"段落"组中设置"段前"和"段后"间距分别为"3 行"和"2 行"，如图 3-6 所示。

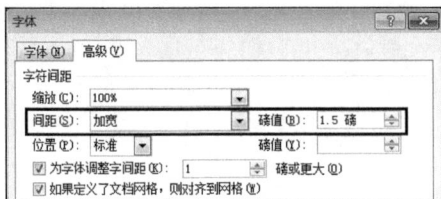

图 3-5　设置文本的字符间距　　　　图 3-6　设置段前和段后间距

步骤 5▶　同时选中第 3 段和第 4 段，单击"段落"组右下角的对话框启动器按钮，打开"段落"对话框，在"特殊格式"下拉列表中选择"首行缩进"选项，并设置"磅值"为"2 字符"，单击"确定"按钮，将这两个段落首行缩进 2 字符。

步骤 6▶　选中最后两个段落，然后单击"开始"选项卡"段落"组中的"文本右对齐"按钮，将这两个段落右对齐；再将插入点置于最后一个段落右侧，并按 5 次空格键。

步骤 7▶　选中除标题外的其他段落，在"开始"选项卡"段落"组的"行和段落间距"下拉列表中选择"2.5"选项（见图 3-7），此时的文档效果如图 3-1 所示。最后将文档保存，名称为"请示"。

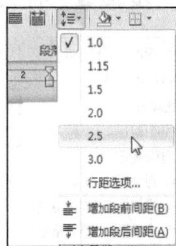

图 3-7　设置行距

实验二　制作课程表

实验描述

下面通过制作如图 3-8 所示的课程表，练习在文档中插入、编辑和美化表格的操作。

课程表

	星期一	星期二	星期三	星期四	星期五
1	数学	语文	数学	外语	外语
2	外语	数学	语文	语文	数学
3	自习	历史	生物	地理	自习
4	语文	外语	外语	数学	语文
5	美术	政治	体育	自习	语文
6	地理	计算机	数学	历史	政治
7	生物	自习	自习	外语	音乐

图 3-8　课程表效果图

实验步骤

一、创建表格并输入课程表内容

步骤1　新建一空白文档，然后单击"插入"选项卡"表格"组中的"表格"按钮，在展开的列表中选择"插入表格"选项，在打开的"插入表格"对话框中输入表格的列数为 6，行数为 8，如图 3-9（a）所示。单击"确定"按钮，创建一个 6 列 8 行的表格。

步骤2　在表格中输入内容，如图 3-9（b）所示。

步骤3　将文档保存，名称为"课程表"。

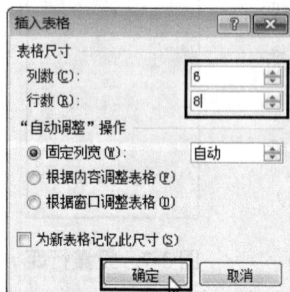

插入表格	? ✕
表格尺寸	
列数(C):	6
行数(R):	8
"自动调整"操作	
● 固定列宽(W):	自动
○ 根据内容调整表格(F)	
○ 根据窗口调整表格(D)	
☐ 为新表格记忆此尺寸(S)	
确定	取消

（a）

	星期一	星期二	星期三	星期四	星期五
1	数学	语文	数学	外语	外语
2	外语	数学	语文	语文	数学
3	自习	历史	生物	地理	自习
4	语文	外语	外语	数学	语文
5	美术	政治	体育	自习	语文
6	地理	计算机	数学	历史	政治
7	生物	自习	自习	外语	音乐

（b）

图 3-9　创建表格并输入内容

二、编辑、美化课程表

步骤1▶　将插入点置于表格第 7 行的任意单元格中，如图 3-10（a）所示。然后依次单击"表格工具　布局"选项卡"行和列"组中的"在上方插入"按钮和"合并"组中的"合并单元格"按钮，如图 3-10（b）和图 3-10（c）所示。

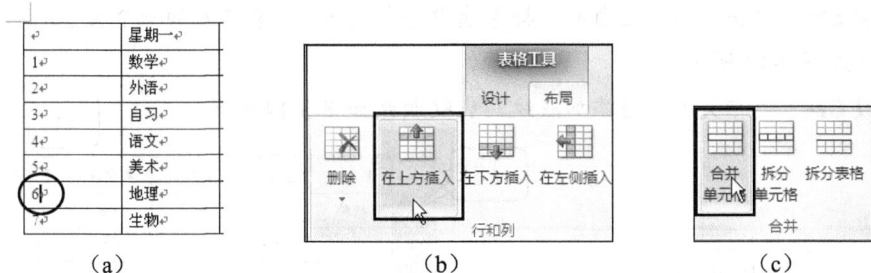

图 3-10 插入行并合并新行中的单元格

步骤 2▶ 单击表格左上角的 ⊞ 符号选中表格，然后单击"开始"选项卡"字体"组右下角的对话框启动器按钮 ⬚，在打开的"字体"对话框中设置表格中文本的中英文字符格式，如图 3-11 所示。

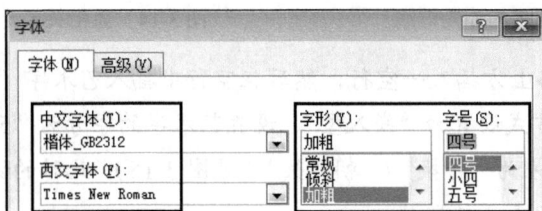

图 3-11 设置表格中文本的字符格式

步骤 3▶ 保持表格的选中状态，单击"表格工具 布局"选项卡"对齐方式"组中的"水平居中"按钮 ▤。

步骤 4▶ 将鼠标指针移至第 1 列的右边框线上，待鼠标指针变成左右双向箭头形状时向左拖动 [见图 3-12（a）]，到合适位置后释放鼠标左键，调整该列列宽（宽度大概为 1.44 厘米）。再选中其他各列，然后单击"表格工具 布局"选项卡"单元格大小"组中的"分布列"按钮，调整其他列的列宽，如图 3-12（b）所示。

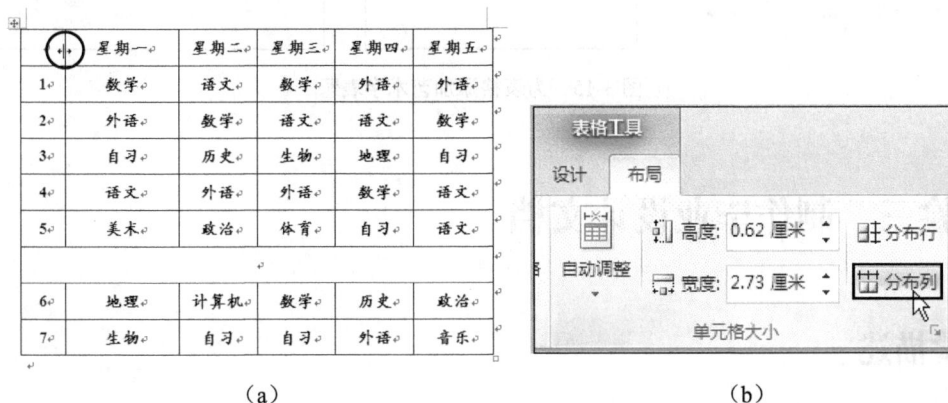

图 3-12 调整列宽

步骤 5▶ 单击表格左上角的⊕符号选中整个表格，为表格添加一个紫色的双线型外侧框线，如图 3-13 所示。

步骤 6▶ 为相关单元格添加底纹，底纹颜色如图 3-14 所示。

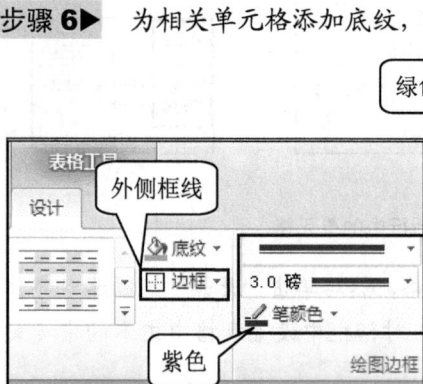

	星期一	星期二	星期三	星期四	星期五
1	数学	语文	数学	外语	外语
2	外语	数学	语文	语文	数学
3	自习	历史	生物	地理	自习
4	语文	外语	外语		语文
5	美术	政治	体育		语文
6	地理	计算机	数学	历史	政治
7	生物	自习	自习	外语	音乐

图 3-13　设置表格外侧框线　　　　图 3-14　为相关单元格添加底纹

步骤 7▶ 在表格上方插入一空行，然后在空行中插入艺术字"课程表"作为表题，将艺术字的文字环绕方式设置为"嵌入型"，设置艺术字的字号为"50"，对齐方式为"居中"，艺术字的文本效果为"转换"/"朝鲜鼓"（见图 3-15），此时的课程表如图 3-8 所示。最后另存文档为"课程表（效果）"。

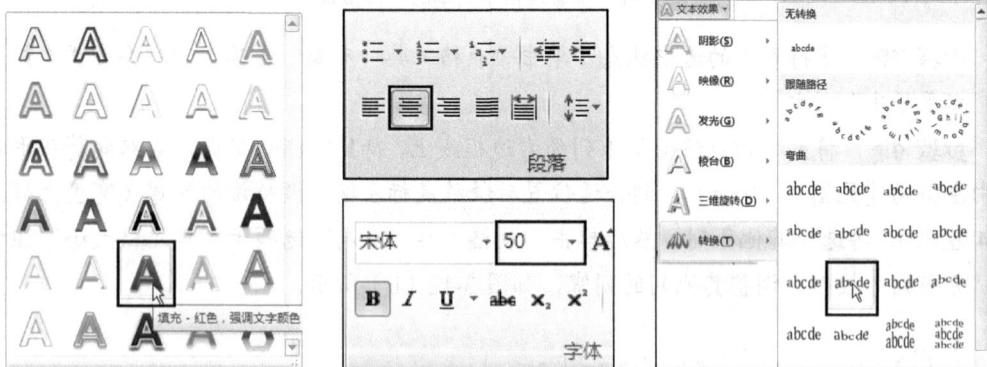

图 3-15　为表格添加艺术字表题

实验三　制作毕业设计文档

实验描述

下面通过制作如图 3-16 所示的毕业设计文档，练习文档的各种排版操作，包括设置文档封面，在文档中插入分节符，对文档应用系统内置的标题 1、标题 2 和标题 3 样式，创建一个"自定标题 4"样式并将其应用到文档中，修改"正文"样式为首行缩进 2 字符，在分节的文档中设置首页不同的页眉和页脚，以及提取文档目录等操作。

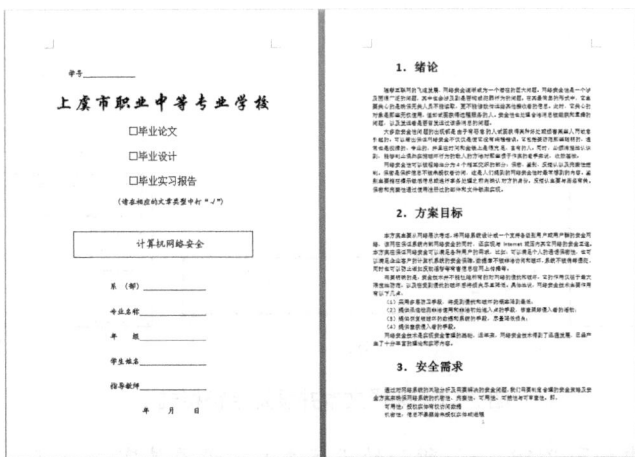

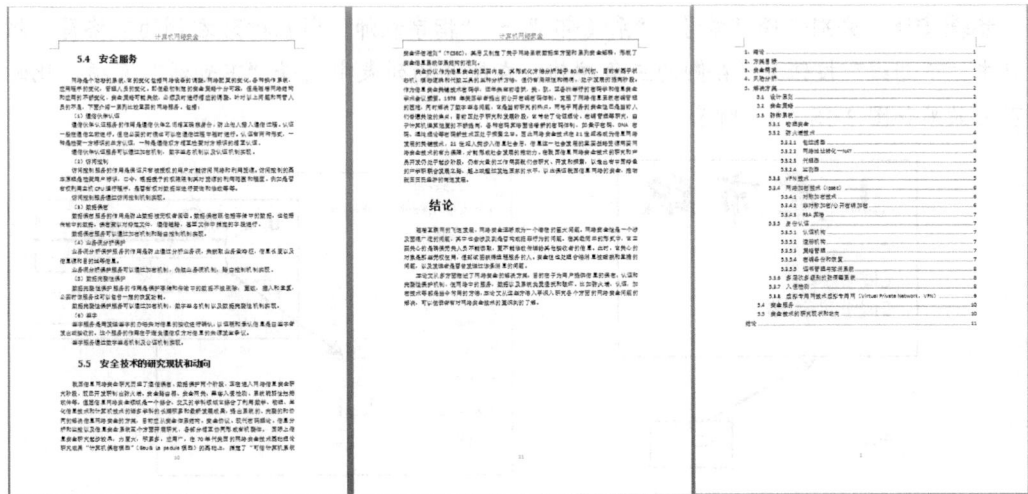

图 3-16　毕业设计文档效果图（部分）

实验步骤

一、制作毕业设计文档封面

步骤 1▶　打开本书配套素材"素材与实例"/"项目三"/"毕业论文（素材文档）"文档。

步骤 2▶　按"Ctrl"键的同时选中如图 3-17（a）所示的文本，设置其字体为"楷体_GB2312"，字号为"四号"，如图 3-17（b）所示。

步骤 3▶　选中学校名称所在段落，设置其字体为"汉仪行楷简"（如果读者计算机中没有该字体，也可选择其他字体），字号为"小初"，字形为"加粗"，如图 3-17（c）所示。

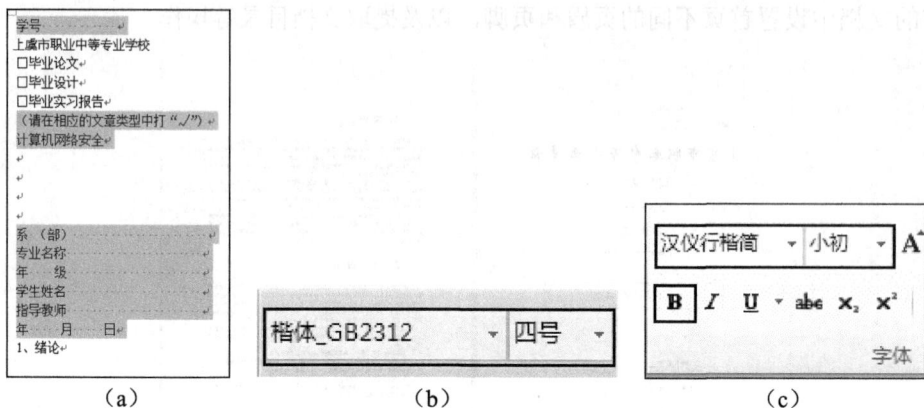

（a）　　　　　　（b）　　　　　　（c）

图 3-17　选择文本并设置字符格式

步骤 4▶　选中如图 3-18（a）所示的段落文本，设置其字号为"小二"。

步骤 5▶　分别选择"学号""系（部）"～"指导教师"所在段落右侧的空格符，然后单击"下划线"按钮 U 右侧的三角按钮，在展开的列表中选择"下划线"选项，此时的页面效果如图 3-18（b）所示。

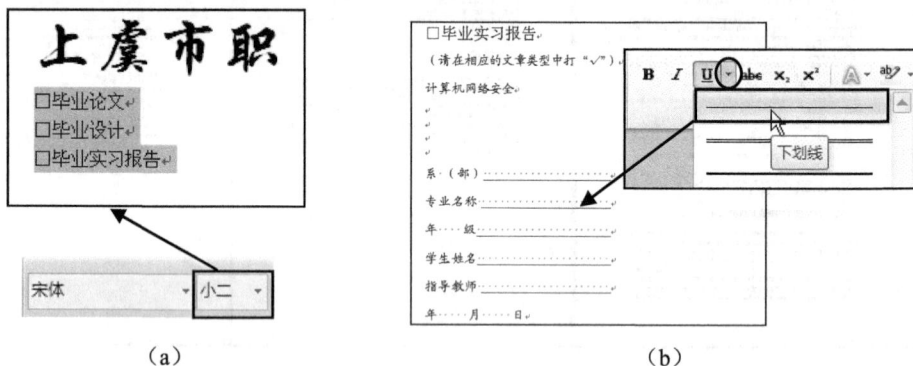

（a）　　　　　　　　　　　（b）

图 3-18　设置其他文本的字符格式

步骤 6▶　设置第 1 段（"学号"所在段）的段前间距为 2 行，设置第 2 段的段前和段后间距均为 1 行，并居中对齐。

步骤 7▶　同时选中第 3 段～第 5 段，设置其段前和段后间距分别为 1 行和 0.5 行，然后向右拖动水平标尺上的"首行缩进"滑块，使其与"职业"的"职"字右侧对齐，如图 3-19 所示。

步骤 8▶　同时选中如图 3-20 所示的段落，单击"段落"组中的"居中"按钮，将其居中对齐。

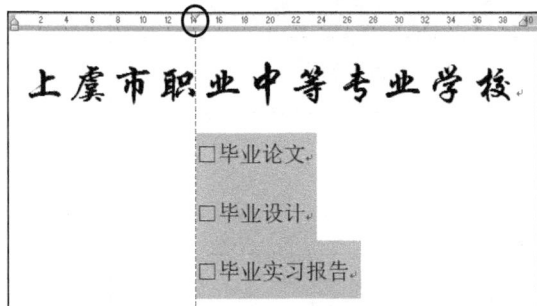

图 3-19 使用标尺设置段落缩进

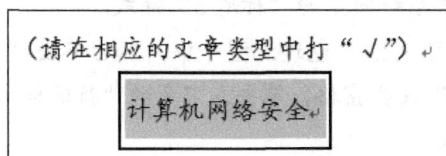

图 3-20 设置段落居中对齐

步骤 9▶ 同时选中"系（部）"～"指导教师"所在段落，将其段前和段后间距分别设置为 0.5 行和 1 行，然后向右拖动水平标尺上的"首行缩进"滑块，使其与"上虞市"的"市"字左侧对齐。

提示

设置"系（部）"～"指导教师"所在段落的对齐时，选中这些段落后，不能单击对齐按钮，而只能设置其缩进，否则添加的下划线会丢失。

步骤 10▶ 选中论文题目所在段落（注意将段落标记一起选中），打开"段落"对话框，设置其"左侧"和"右侧"缩进为"4 字符"，"段前"间距为"0.5 行"，"行距"为"多倍行距"并将值设为"3"，如图 3-21 所示，然后单击"确定"按钮。

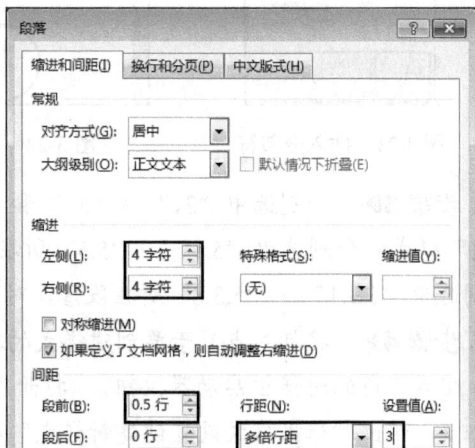

图 3-21 利用"段落"对话框设置段落格式

步骤 11▶ 保持论文题目所在段落的选中状态，单击"开始"选项卡"段落"组"边框"按钮右侧的三角按钮，从弹出的下拉列表中选择"外侧框线"选项，为所选段落添加一个黑色的外边框，如图 3-22 所示。

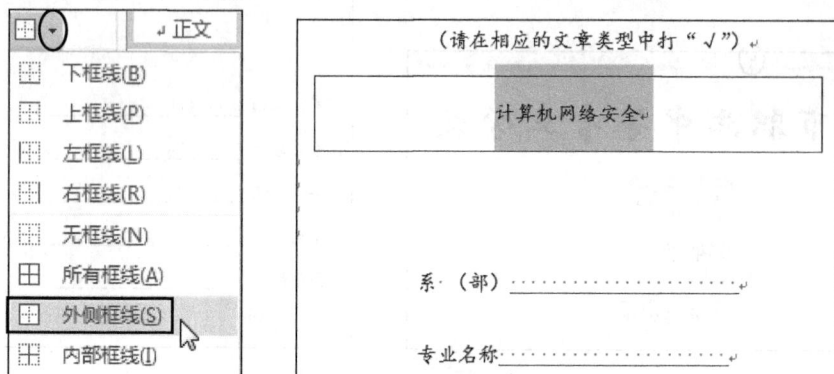

图 3-22　为段落添加外边框

二、应用、修改与创建样式

步骤 1▶ 将插入点置于"1、绪论"所在段落的左侧，然后选择"页面布局"选项卡"页面设置"组"分隔符"下拉列表中的"下一页"选项，如图 3-23 所示。

步骤 2▶ 保持插入点现有位置不变，在"开始"选项卡"样式"组中单击"标题 1"样式，如图 3-24 所示。

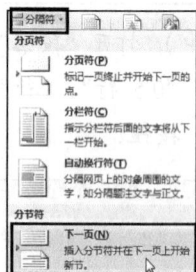

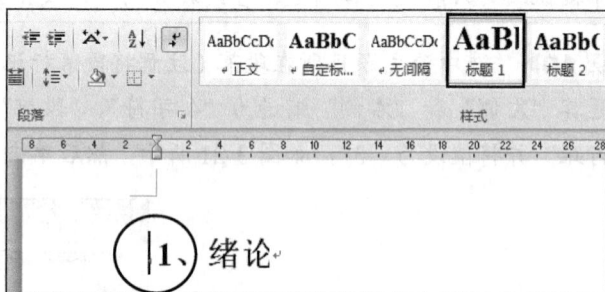

图 3-23　插入分节符　　　图 3-24　对段落应用系统内置的"标题 1"样式

步骤 3▶ 分别选中"2、"～"5、"和"结论"所在段落，对其应用系统内置的"标题 1"样式；分别选中"5.1"～"5.5"所在段落，对其应用系统内置的"标题 2"样式；分别选中"5.3.1"～"5.3.8"所在段落，对其应用系统内置的"标题 3"样式。

步骤 4▶ 将插入点置于要创建样式的段落"5.3.2.1　包过滤型"中，然后单击"样式"组右下角的对话框启动器按钮，打开"样式"任务窗格，单击左下角的"新建样式"按钮，弹出"根据格式设置创建新样式"对话框。

步骤 5▶ 在"名称"编辑框中输入新样式名称"自定标题 4"，在"样式类型"下拉列表中选择"段落"选项，在"样式基准"下拉列表中选择"标题3"选项，在"后续段落样式"下拉列表中选择"正文"选项，然后设置字号为"四号"，如图 3-25 所示。

步骤 6▶ 单击"格式"按钮，在展开的列表中选择"段落"选项，打开"段落"对话框，设置"大纲级别"为"4级"，"段前"和"段后"间距为"6磅"，"行距"为"单倍行距"，如图 3-26 所示。

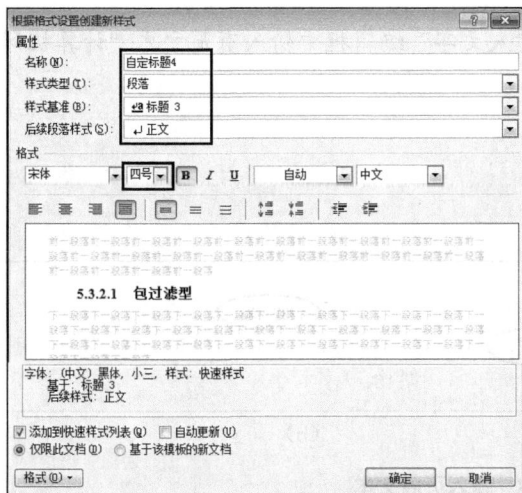
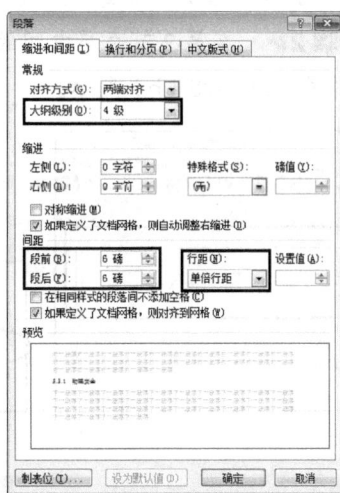

图 3-25 设置新样式的属性和字符格式　　图 3-26 设置新样式的段落格式

步骤 7▶ 单击两次"确定"按钮，插入点所在段落即可应用新创建的样式。分别将插入点置于"5.3.2.1"～"5.3.2.4"、"5.3.4.1"～"5.3.4.3"、"5.3.5.1"～"5.3.5.5"所在段落，对其应用"自定标题4"样式。

步骤 8▶ 在"样式"任务窗格中将鼠标指针移至"正文"上，然后单击样式右侧显示的三角按钮，在展开的列表中选择"修改"选项，如图 3-27（a）所示。

步骤 9▶ 在打开的对话框中单击"格式"按钮，在展开的列表中选择"段落"选项，在打开的"段落"对话框中设置"首行缩进"为"2字符"，如图 3-27（b）所示，然后单击两次"确定"按钮。

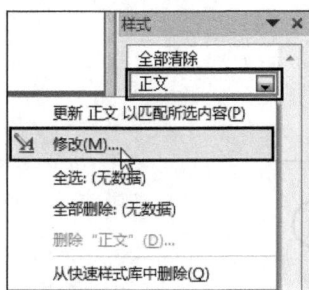

（a）　　　　　　　　　　　　　　（b）

图 3-27 修改"正文"样式

步骤 10▶ 调整封面页中因修改样式引起的跑版问题，即取消"上虞市职业中等专业学校"段落的缩进格式。

三、设置页眉和页脚

步骤 1▶ 单击"插入"选项卡"页眉和页脚"组中的"页眉"按钮，在展开的列表中选择"空白"选项，如图 3-28（a）所示。

步骤 2▶ 在第 2 节页眉中间的"键入文字"编辑框中输入页眉文本"计算机网络安全"，效果如图 3-28（b）所示。

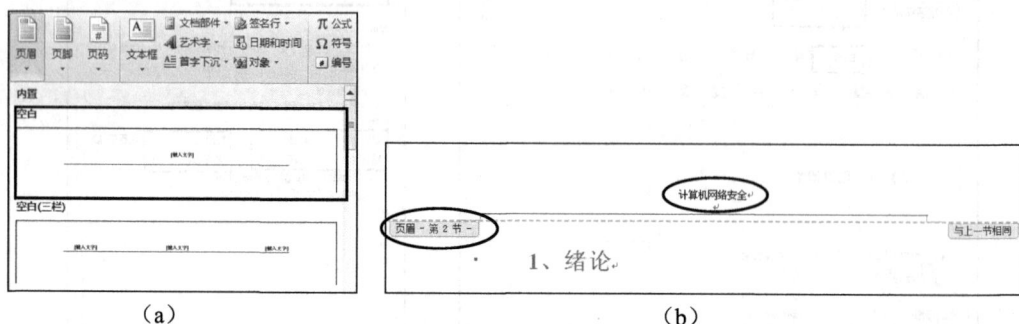

（a）   （b）

图 3-28 输入页眉文本

步骤 3▶ 单击"页眉和页脚工具 设计"选项卡"导航"组中的"链接到前一条页眉"按钮，取消其与第 1 节页眉的链接，如图 3-29 所示。

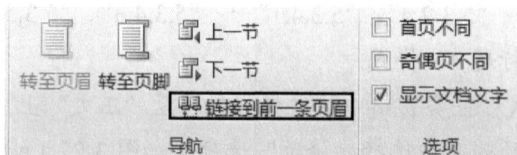

图 3-29 取消与第 1 节页眉的链接

步骤 4▶ 将第 1 节即封面页的页眉文本删掉，然后选中页眉线上方的段落标记，在"开始"选项卡"段落"组中的"边框"下拉列表中选择"无框线"选项，从而删除页眉线，如图 3-30 所示。

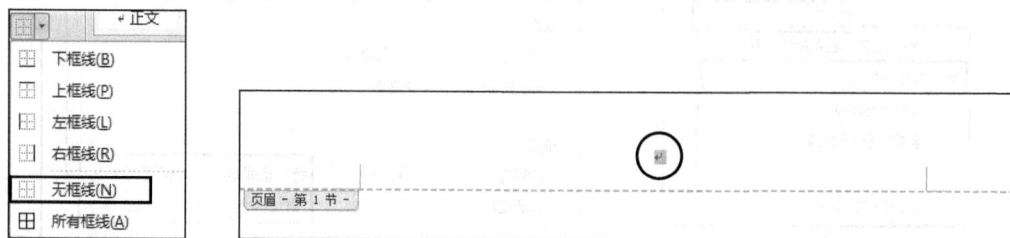

图 3-30 删掉第 1 节的页眉文本和页眉线

步骤5▶ 利用"导航"组转到第 2 节的页脚处，单击"链接到前一条页眉"按钮，取消其与第 1 节页脚的链接，然后单击"页眉和页脚"组中的"页码"按钮，在展开的列表中选择"页面底端"/"普通数字 2"选项，在第 2 节页脚中插入页码，如图 3-31 所示。

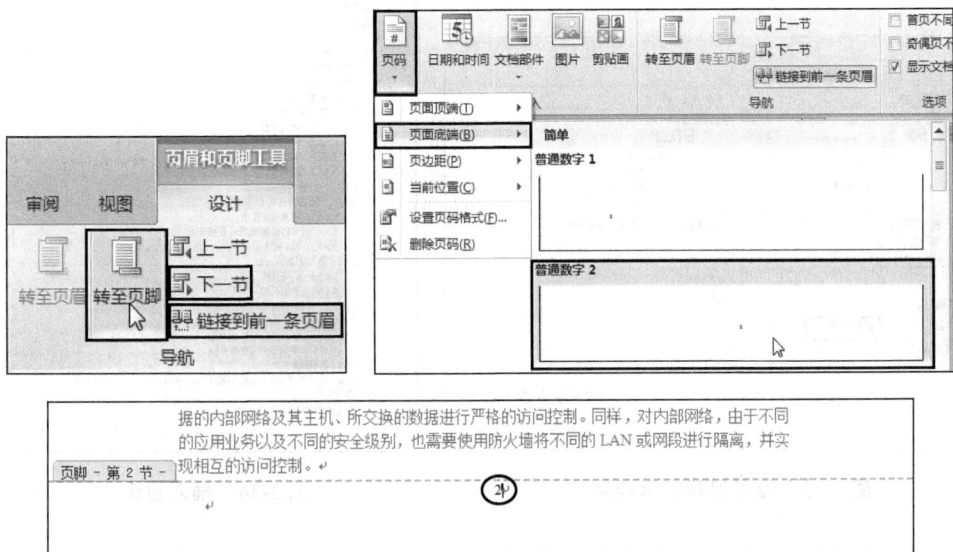

图 3-31　在页脚处插入页码

步骤6▶ 在"页眉和页脚"组的"页码"下拉列表中选择"设置页码格式"选项，在打开的对话框中设置第 2 节的"起始页码"为"1"，单击"确定"按钮，如图 3-32 所示。

图 3-32　设置页码格式

四、提取目录

步骤1▶ 在毕业设计文档的最后一段文本后插入一个"下一页"分节符，然后保持插入点的现有位置不变。

步骤2▶ 单击"引用"选项卡"目录"组中的"目录"按钮，在展开的列表中选择"插入目录"选项，打开"目录"对话框，将"显示级别"设置为"4"，如图 3-33 所示。

步骤 3▶ 单击"确定"按钮，Word 将搜索整个文档中标识的标题及标题所在的页码，并把它们编制为目录，如图 3-34 所示。最后将文档另存为"毕业论文（效果）"。

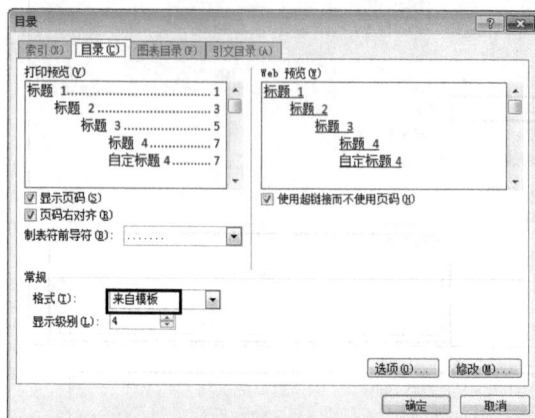

图 3-33　设置目录显示级别

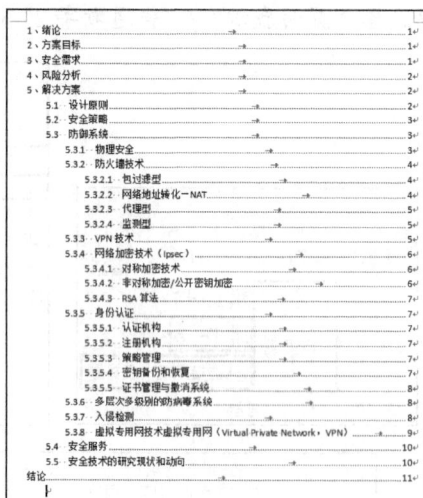

图 3-34　插入目录

实验四　制作情人节贺卡

实验描述

下面通过制作如图 3-35 所示的情人节贺卡，练习设置文档纸张方向，制作文档背景，在文档中插入并编辑图片、艺术字和文本框的操作方法。

图 3-35　情人节贺卡效果图

实验步骤

一、设置情人节贺卡纸张方向并插入背景图

步骤 1▶ 新建"情人节贺卡"文档，然后设置其纸张方向为"横向"，如图 3-36 所示。

步骤 2▶ 将本书配套素材"项目三"文件夹中的"底图"图片插入文档，然后在"图片工具 格式"选项卡的"排列"组中单击"自动换行"按钮，在展开的列表中选择"衬于文字下方"选项，如图 3-37（a）所示。再将图片放大，使其覆盖整个页面，效果如图 3-37（b）所示。

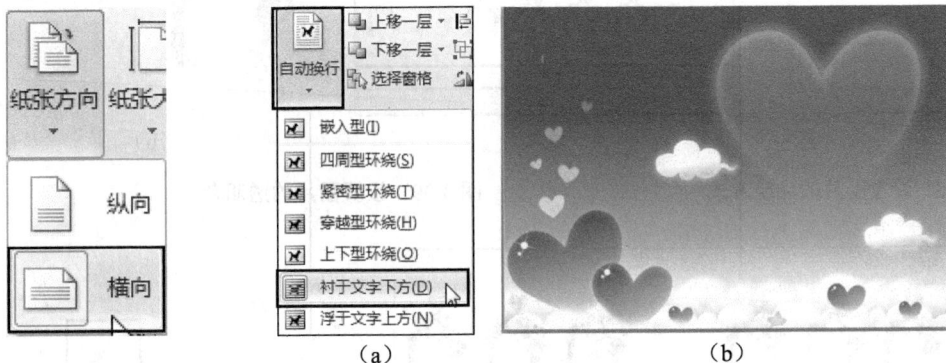

（a）

（b）

图 3-36 设置纸张方向   **图 3-37 在文档中插入图片并设置其环绕方式**

二、在文档中插入图片和艺术字

步骤 1▶ 在文档中插入本书提供的素材图片"情人节"，然后在"图片工具 格式"选项卡的"排列"组中单击"自动换行"按钮，在展开的列表中选择"浮于文字上方"选项，如图 3-38 所示。

步骤 2▶ 保持图片的选中状态，然后在"图片工具 格式"选项卡的"调整"组中单击"颜色"按钮，在展开的列表中选择"设置透明色"选项，如图 3-39（a）所示。再在图片上白色区域单击，即设置图片的透明色，效果如图 3-39（b）所示。

步骤 3▶ 在"颜色"列表中选择"红色，强调文字颜色 2 浅色"选项，如图 3-40 所示。然后将图片移至文档右侧。

步骤 4▶ 在文档中插入艺术字"LOVE"，艺术字样式如图 3-41 所示。

步骤 5▶ 将艺术字的字体设置为 Times New Roman，字号设置为 80，并将其移至文档的偏左上方。

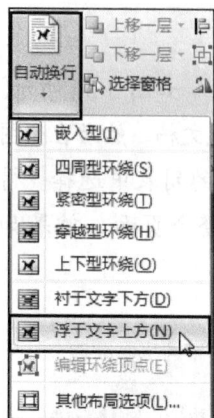

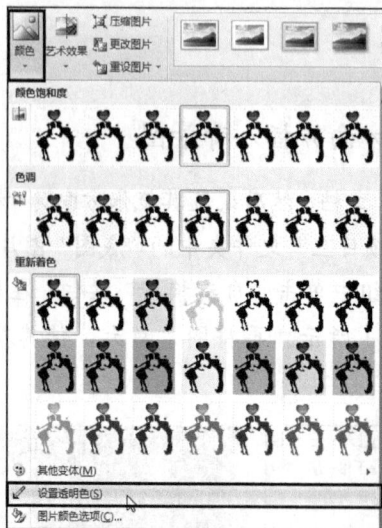

（a） （b）

图 3-38　设置图片的环绕方式　　　　　　图 3-39　设置图片的透明色

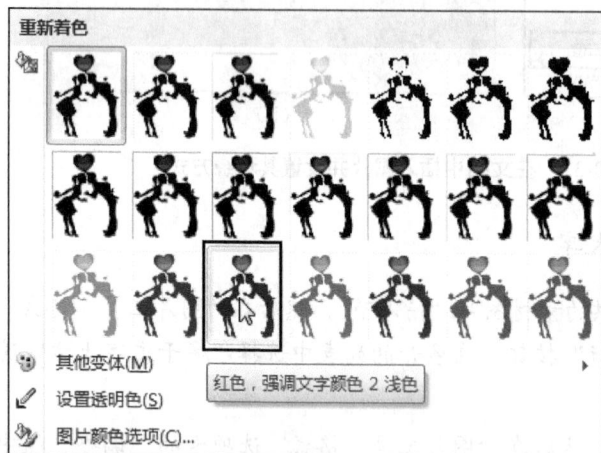

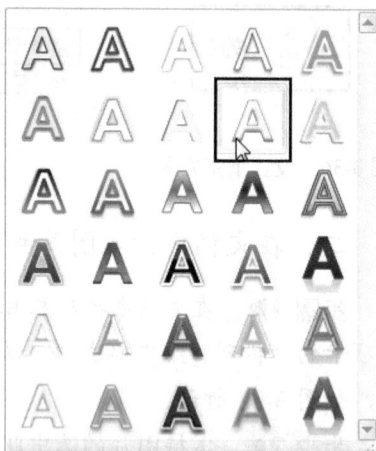

图 3-40　对图片重新着色　　　　　　　　图 3-41　选择艺术字样式

三、在文档中绘制文本框并输入文本

步骤 1▶　　在艺术字的下方绘制一个竖排文本框，在其中输入文字，设置字体为隶书，字号为小一，字体颜色为深蓝，再设置段前、段后间距为 0.5 行，行距为 2 倍行距，效果如图 3-42 所示。

步骤 2▶　取消文本框的填充颜色和边框，如图 3-43 所示。最终效果如图 3-35 所示。

步骤 3▶　另存文档为"情人节贺卡（效果）"。

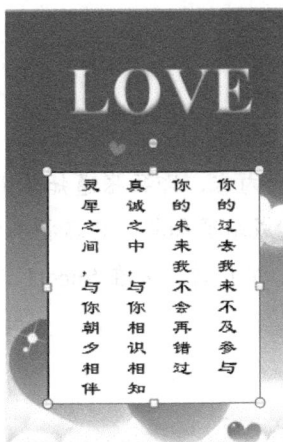

图 3-42 输入文本

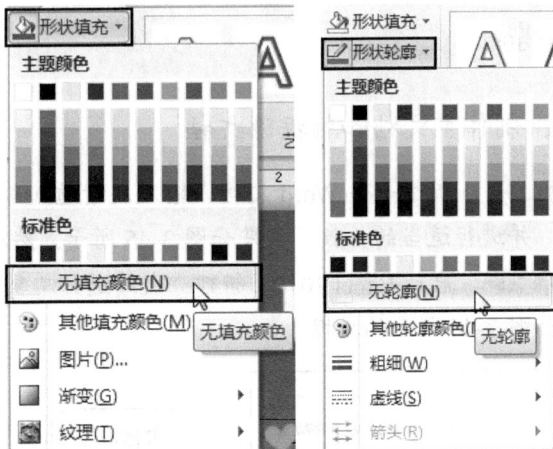

图 3-43 设置文本框的填充和轮廓为无

实验五 批量制作成绩通知单

实验描述

下面通过制作如图 3-44 所示的成绩通知单，练习利用邮件合并功能批量制作主要内容相同的文档的操作方法。

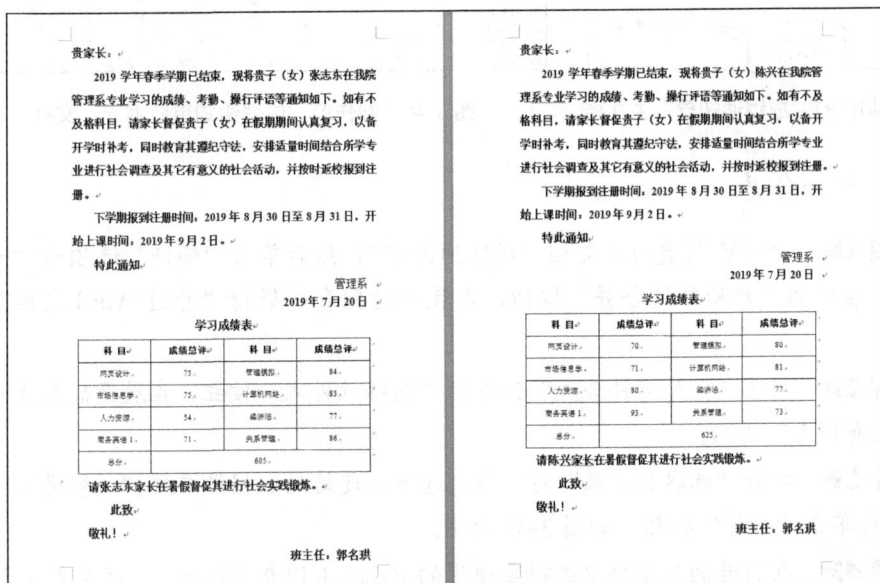

图 3-44 成绩通知单效果图

实验步骤

一、制作主文档和数据源文档

步骤 1▶ 新建一个 Word 文档，输入成绩通知单的正文内容，即每张通知单中相同的部分，并进行适当的排版，效果如图 3-45 所示。然后以"成绩通知单"为名将其保存。

步骤 2▶ 启动 Excel 2010，新建"成绩通知单数据源"工作簿，并在 Sheet1 工作表中输入如图 3-46 所示的数据。

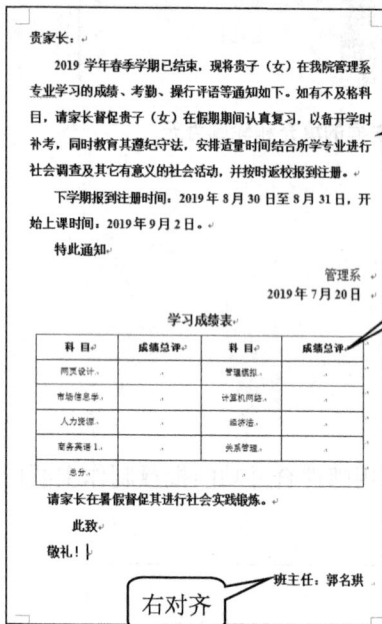

图 3-45 制作的"成绩通知单"主文档　　　　图 3-46 制作的"成绩通知单数据源"文档

二、邮件合并

步骤 1▶ 打开已创建的主文档"成绩通知单"，然后单击"邮件"选项卡"开始邮件合并"组中的"开始邮件合并"按钮，在展开的列表中保持"普通 Word 文档"的高亮显示。

步骤 2▶ 单击"开始邮件合并"组中的"选择收件人"按钮，在展开的列表中选择"使用现有列表"选项。

步骤 3▶ 打开"选取数据源"对话框，选中创建好的数据源文件"成绩通知单数据源"，然后单击"打开"按钮，如图 3-47 所示。

步骤 4▶ 在打开的对话框中选择要使用的 Excel 工作表"Sheet1"，然后单击"确定"按钮，如图 3-48 所示。

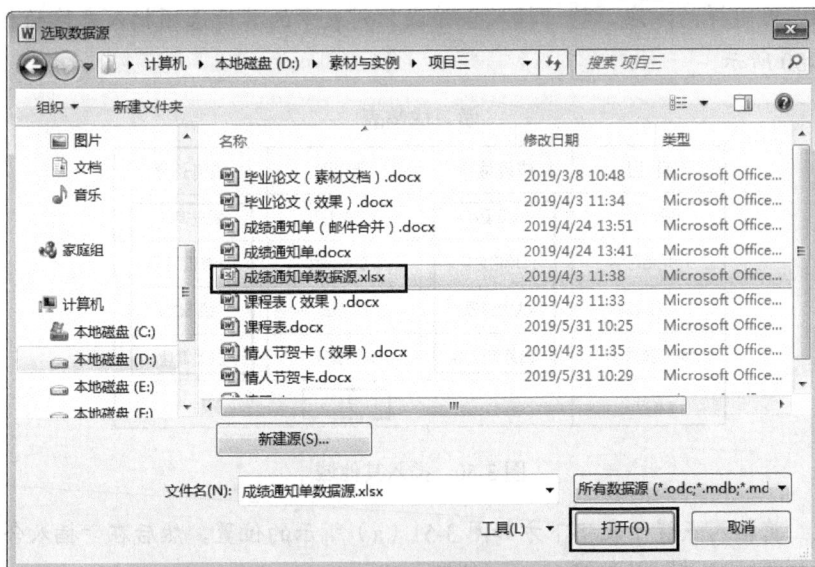

图 3-47 选取数据源文档

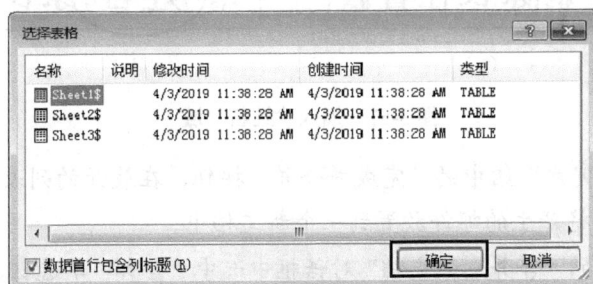

图 3-48 选择要使用的 Excel 工作表

步骤 5▶ 将插入点置于"子（女）"的右侧位置，单击"编写和插入域"组中的"插入合并域"按钮，在展开的列表中选择"姓名"选项，将"姓名"域插入，如图 3-49 所示。

图 3-49 插入"姓名"域

步骤6 用同样的方法，将"插入合并域"列表中的其他选项插入表格的相应位置，效果如图 3-50 所示。

学习成绩表

科 目	成绩总评	科 目	成绩总评
网页设计	《网页设计》	管理模拟	《管理模拟》
市场信息学	《市场信息学》	计算机网络	《计算机网络》
人力资源	《人力资源》	经济法	《经济法》
商务英语1	《商务英语1》	关系管理	《关系管理》
总分		《总分》	

图 3-50　插入其他域

步骤7 将插入点置于表格下方如图 3-51（a）所示的位置，然后在"插入合并域"列表中选择"姓名"选项，将该域插入，效果如图 3-51（b）所示。

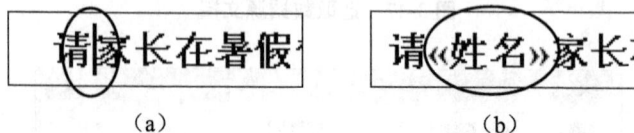

请家长在暑假　　　请《姓名》家长

（a）　　　　　　　　（b）

图 3-51　插入"姓名"域

步骤8 单击"完成"组中的"完成并合并"按钮，在展开的列表中选择"编辑单个文档"选项，让系统将产生的邮件放置到一个新文档中。

步骤9 在打开的"合并到新文档"对话框中选中"全部"单选钮，然后单击"确定"按钮。Word 将根据设置自动合并文档并将全部记录存放到一个新文档中，效果如图 3-44 所示。最后将文档另存为"成绩通知单（邮件合并）"。

项目四　使用 Excel 2010 制作电子表格

实验一　制作学生信息登记表

实验描述

下面通过制作如图 4-1 所示的学生信息登记表，练习在 Excel 中输入数据并编辑，以及调整工作表结构等操作。

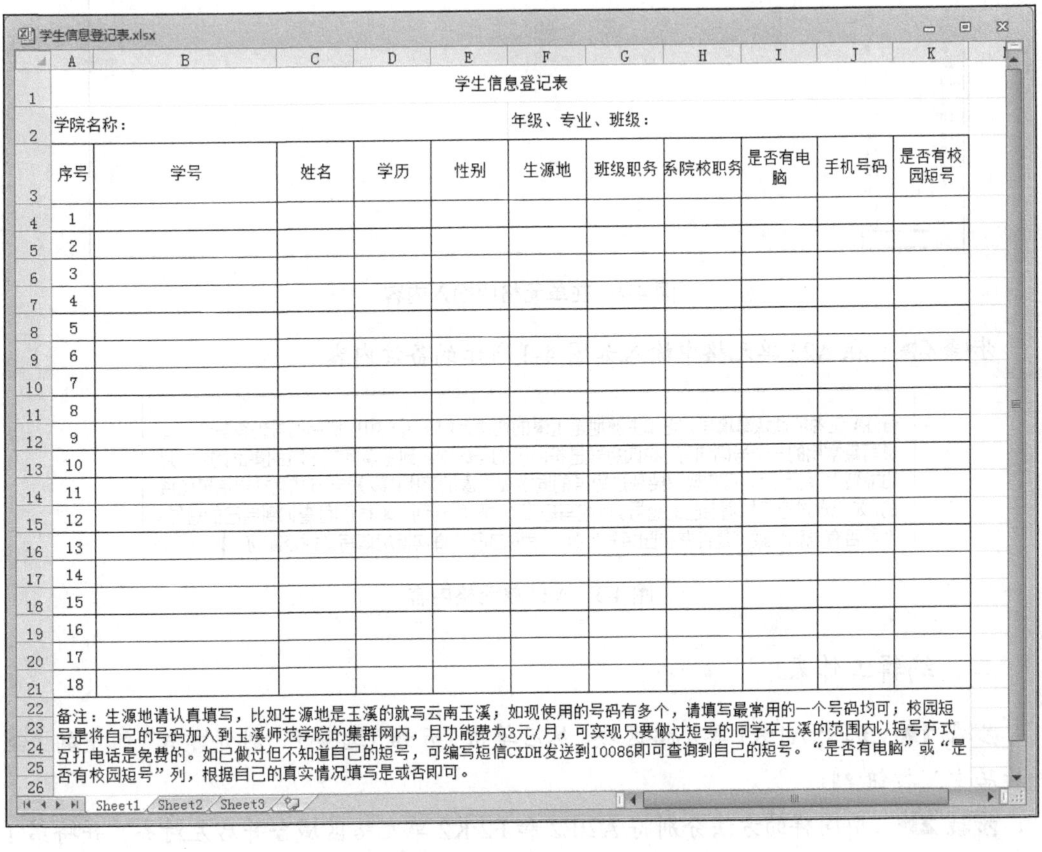

图 4-1　学生信息登记表效果图

实验步骤

一、新建工作簿并在工作表中输入内容

步骤 1▶ 启动 Excel 2010，按 "Ctrl+S" 组合键，在打开的对话框中以 "学生信息登记表" 为名将该工作簿保存。

步骤 2▶ 单击 A1 单元格，输入 "学生信息登记表"；单击 A2 单元格，输入 "学院名称:"；单击 F2 单元格，输入 "年级、专业、班级:"。

步骤 3▶ 用同样的方法在其他单元格中输入所需内容，如图 4-2 所示（"序号" 列内容可用填充柄快速输入）。

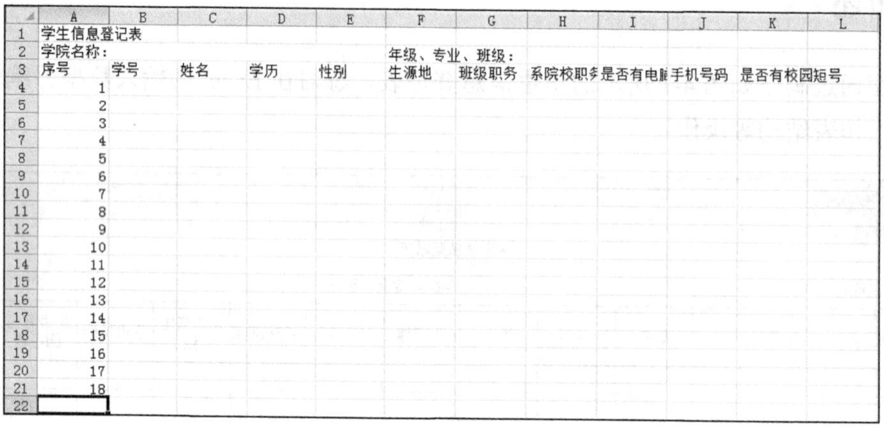

	A	B	C	D	E	F	G	H	I	J	K	L
1	学生信息登记表											
2	学院名称:					年级、专业、班级:						
3	序号	学号	姓名	学历	性别	生源地	班级职务	系院校职务	是否有电脑	手机号码	是否有校园短号	
4	1											
5	2											
6	3											
7	4											
8	5											
9	6											
10	7											
11	8											
12	9											
13	10											
14	11											
15	12											
16	13											
17	14											
18	15											
19	16											
20	17											
21	18											
22												

图 4-2 在单元格中输入内容

步骤 4▶ 在 A22 单元格中输入如图 4-3 所示的备注内容。

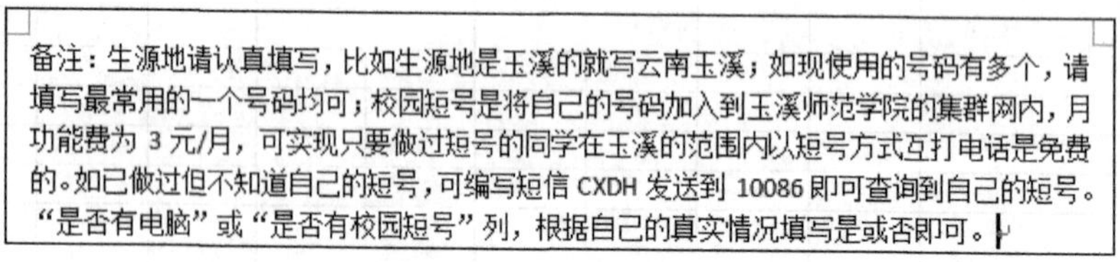

备注：生源地请认真填写，比如生源地是玉溪的就写云南玉溪；如现使用的号码有多个，请填写最常用的一个号码均可；校园短号是将自己的号码加入到玉溪师范学院的集群网内，月功能费为 3 元/月，可实现只要做过短号的同学在玉溪的范围内以短号方式互打电话是免费的。如已做过但不知道自己的短号，可编写短信 CXDH 发送到 10086 即可查询到自己的短号。"是否有电脑" 或 "是否有校园短号" 列，根据自己的真实情况填写是或否即可。

图 4-3 A22 单元格内容

二、编辑工作表

步骤 1▶ 选中 A1:K1 单元格区域，然后单击 "开始" 选项卡 "对齐方式" 组中的 "合并后居中" 按钮。

步骤 2▶ 用同样的方法分别将 A2:E2 和 F2:K2 单元格区域合并后左对齐，并将第 1 行和第 2 行的高度调整为 35 像素，效果如图 4-4 所示。

	A	B	C	D	E	F	G	H	I	J	K	L
1						学生信息登记表						
2	学院名称：					年级、专业、班级：						
3	序号	学号	姓名	学历	性别	生源地	班级职务	系院校职务	是否有电脑	手机号码	是否有校园短号	
4		1										

图 4-4　合并单元格区域

步骤 3▶ 将第 3 行的行高调整为 55 像素，第 4 行至第 21 行的行高调整为 25 像素。

步骤 4▶ 选中 I3 和 K3 单元格，然后单击"开始"选项卡"对齐方式"组中的"自动换行"按钮。

步骤 5▶ 将"序号"列的列宽调整为 40 像素，"学号"列的列宽调整为 170 像素。选中 A3:K21 单元格区域，然后单击"开始"选项卡"对齐方式"组中的"居中"按钮。

步骤 6▶ 保持单元格区域的选中状态，在"边框"下拉列表中选择"所有框线"选项，如图 4-5 所示。

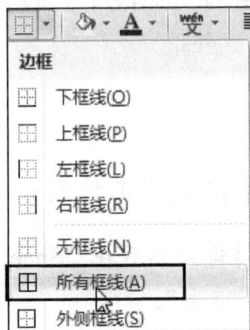

图 4-5　选择"所有框线"选项

步骤 7▶ 选中 A22:K26 单元格区域，依次单击"开始"选项卡"对齐方式"组中的"合并后居中"按钮、"文本左对齐"按钮和"自动换行"按钮，工作表最终效果如图 4-1 所示。

步骤 8▶ 保存工作簿。

实验二　制作工资表

实验描述

下面通过制作如图 4-6 所示的某公司 7 月份工资表，练习利用公式和函数计算工作表数据的方法。

工资表（计算）.xlsx

								工 资 表								
姓名	基本工资	薪级工资	岗位津贴	奖金	工龄补贴	其它补贴	养老金	医保金	失业保险金	应发合计	房租费	水电费	网管费	个人所得税	扣款合计	实发合计
杨右使	2700	150	700	210	20	30	88	22	11	3689	55	30	20	5.67	110.67	3578.33
陈一习	2950	100	600	180	20	30	86	25	11	3758	120	50	20	7.74	197.74	3560.26
何里	2850	120	750	225	30	45	88	26	11	3895	55	60	20	11.85	146.85	3748.15
成仁	2700	160	740	222	40	60	88	27	11	3796	45	40	20	8.88	113.88	3682.12
黄晨	2780	200	800	240	50	75	120	21	11	3993	30	30	20	14.79	94.79	3898.21
方一	2790	220	720	216	10	15	88	23	11	3849	52	55	20	10.47	137.47	3711.53
议程	2700	230	700	210	20	30	88	29	11	3762	55	57	20	7.86	139.86	3622.14
陈耕	2950	250	800	240	20	30	100	30	11	4149	58	58	20	19.47	155.47	3993.53
陈尖	2700	240	650	195	30	45	88	40	11	3721	130	65	20	6.63	221.63	3499.37
吴中	3000	120	500	150	40	60	88	41	11	3730	200	25	20	6.9	251.9	3478.1
三顺	2780	150	400	120	60	90	88	42	11	3459	260	36	20	0	316	3143
杨方	2750	150	450	135	70	105	130	55	11	3464	120	68	20	0	208	3256
张好	2700	120	500	150	80	120	88	62	11	3509	170	54	20	0.27	244.27	3264.73
陈孬	2950	150	450	135	90	135	88	32	11	3779	185	52	20	8.37	265.37	3513.63
马可	3000	110	600	180	20	30	109	52	11	3768	190	59	20	8.04	277.04	3490.96
昊文盲	3100	120	800	240	40	60	112	70	11	4167	200	58	20	20.01	298.01	3868.99
陈佳	3400	160	900	270	60	90	88	16	11	4765	150	120	20	37.95	327.95	4437.05
吴用	2720	180	950	285	100	150	113	25	11	4236	140	256	20	22.08	438.08	3797.92
宋江	2690	120	1200	360	100	150	88	23	11	4498	120	35	20	29.94	204.94	4293.06
林冲	2650	110	600	180	20	30	90	22	11	3467	130	24	20	0	174	3293
彭江仁	2700	110	740	222	30	45	88	22	11	3726	120	68	20	6.78	214.78	3511.22

7月 Sheet2 Sheet3

图 4-6 计算好的工资表

实验步骤

一、输入工资表数据并简单格式化工作表

步骤 1▶ 新建“工资表”工作簿，然后在“Sheet1”工作表中输入如图 4-7 所示的工资表数据，并将工作表重命名为“7 月”。

工 资 表																
姓名	基本工资	薪级工资	岗位津贴	奖金	工龄补贴	其它补贴	养老金	医保金	失业保险金	应发合计	房租费	水电费	网管费	个人所得税	扣款合计	实发合计
杨右使	2700	150	700	210	20	30	88	22	11		55	30	20			
陈一习	2950	100	600	180	20	30	86	25	11		120	50	20			
何里	2850	120	750	225	30	45	88	26	11		55	60	20			
成仁	2700	160	740	222	40	60	88	27	11		45	40	20			
黄晨	2780	200	800	240	50	75	120	21	11		30	30	20			
方一	2790	220	720	216	10	15	88	23	11		52	55	20			
议程	2700	230	700	210	20	30	88	29	11		55	57	20			
陈耕	2950	250	800	240	20	30	100	30	11		58	58	20			
陈尖	2700	240	650	195	30	45	88	40	11		130	65	20			
吴中	3000	120	500	150	40	60	88	41	11		200	25	20			
三顺	2780	150	400	120	60	90	88	42	11		260	36	20			
杨方	2750	150	450	135	70	105	130	55	11		120	68	20			
张好	2700	120	500	150	80	120	88	62	11		170	54	20			
陈孬	2950	150	450	135	90	135	88	32	11		185	52	20			
马可	3000	110	600	180	20	30	109	52	11		190	59	20			
昊文盲	3100	120	800	240	40	60	112	70	11		200	58	20			
陈佳	3400	160	900	270	60	90	88	16	11		150	120	20			
吴用	2720	180	950	285	100	150	113	25	11		140	256	20			
宋江	2690	120	1200	360	100	150	88	23	11		120	35	20			
林冲	2650	110	600	180	20	30	90	22	11		130	24	20			
彭江仁	2700	110	740	222	30	45	88	22	11		120	68	20			

Sheet1 Sheet2 Sheet3

图 4-7 输入工资表数据

步骤 2▶ 将 A1:Q1 单元格区域合并后居中，设置其填充颜色为浅绿，行高调整为 36 像素，字号为 20，字形为加粗。

步骤 3▶ 设置 A2:Q23 单元格区域的字号为 10，对齐方式为居中，并为其添加边框线，调整 A 列至 Q 列的列宽为最合适。

步骤 4▶ 将 A2:Q2 单元格区域的字体颜色设置为蓝色，将要进行计算的 K 列、O

列、P 列和 Q 列中相应单元格的填充颜色设置为“白色，背景 1，深色 5%”，此时的工作表如图 4-8 所示。

工 资 表

姓名	基本工资	薪级工资	岗位津贴	奖金	工龄补贴	其它补贴	养老金	医保金	失业保险金	应发合计	房租费	水电费	网管费	个人所得税	扣款合计	实发合计
杨右使	2700	150	700	210	20	30	88	22	11		55	30	20			
陈一习	2950	100	600	180	20	30	86	25	11		120	50	20			
何里	2850	120	750	225	30	45	88	26	11		55	60	20			
成仁	2700	160	740	222	40	60	88	27	11		45	40	20			
黄晨	2780	200	800	240	50	75	120	21	11		30	30	20			
方一	2790	220	720	216	10	15	88	23	11		52	55	20			
议程	2700	230	700	210	20	30	88	29	11		55	57	20			
陈耕	2950	250	800	240	20	30	100	30	11		58	58	20			
陈尖	2700	240	650	195	30	45	88	40	11		130	65	20			
吴中	3000	120	500	150	40	60	88	41	11		200	25	20			
三顺	2780	150	400	120	60	90	88	42	11		260	36	20			
杨方	2750	150	450	135	70	105	130	55	11		120	68	20			
张好	2700	120	500	150	80	120	88	62	11		170	54	20			
陈孬	2950	150	450	135	90	135	88	32	11		185	52	20			
马可	3000	110	600	180	20	30	109	52	11		190	59	20			
昊文盲	3100	120	800	240	40	60	112	70	11		200	58	20			
陈佳	3400	160	900	270	60	90	88	16	11		150	120	20			
吴用	2720	180	950	285	100	150	113	25	11		140	256	20			
宋江	2690	120	1200	360	100	150	88	23	11		120	35	20			
林冲	2650	110	600	180	20	30	90	22	11		130	24	20			
彭江仁	2700	110	740	222	30	45	88	22	11		120	68	20			

7月　Sheet2　Sheet3

图 4-8　设置好格式的工作表

二、使用公式和函数计算实发合计、应发合计、个人所得税和扣款合计

步骤 1▶　在 Q3 单元格中输入公式“=K3-P3”，按“Enter”键后拖动 Q3 单元格右下角的填充柄至 Q23 单元格。

步骤 2▶　在 K3 单元格中输入公式“=SUM(B3:G3)-SUM(H3:J3)”，按“Enter”键后拖动 K3 单元格右下角的填充柄至 K23 单元格，计算出所有员工的应发合计，如图 4-9 所示。

K3　=SUM(B3:G3)-SUM(H3:J3)

工 资 表

姓名	基本工资	薪级工资	岗位津贴	奖金	工龄补贴	其它补贴	养老金	医保金	失业保险金	应发合计	房租费	水电费	网管费
杨右使	2700	150	700	210	20	30	88	22	11	3689	55	30	20
陈一习	2950	100	600	180	20	30	86	25	11	3758	120	50	20
何里	2850	120	750	225	30	45	88	26	11	3895	55	60	20
成仁	2700	160	740	222	40	60	88	27	11	3796	45	40	20
黄晨	2780	200	800	240	50	75	120	21	11	3993	30	30	20
方一	2790	220	720	216	10	15	88	23	11	3849	52	55	20
议程	2700	230	700	210	20	30	88	29	11	3762	55	57	20
陈耕	2950	250	800	240	20	30	100	30	11	4149	58	58	20
陈尖	2700	240	650	195	30	45	88	40	11	3721	130	65	20
吴中	3000	120	500	150	40	60	88	41	11	3730	200	25	20
三顺	2780	150	400	120	60	90	88	42	11	3459	260	36	20
杨方	2750	150	450	135	70	105	130	55	11	3464	120	68	20
张好	2700	120	500	150	80	120	88	62	11	3509	170	54	20
陈孬	2950	150	450	135	90	135	88	32	11	3779	185	52	20
马可	3000	110	600	180	20	30	109	52	11	3768	190	59	20
昊文盲	3100	120	800	240	40	60	112	70	11	4167	200	58	20
陈佳	3400	160	900	270	60	90	88	16	11	4765	150	120	20
吴用	2720	180	950	285	100	150	113	25	11	4236	140	256	20
宋江	2690	120	1200	360	100	150	88	23	11	4498	120	35	20
林冲	2650	110	600	180	20	30	90	22	11	3467	130	24	20
彭江仁	2700	110	740	222	30	45	88	22	11	3726	20	68	20

7月　Sheet2　Sheet3

图 4-9　计算所有员工的“应发合计”

步骤 3▶　根据 2011 年个人所得税标准计算个人所得税。在 O3 单元格中输入公式“=IF(K3-3500<=0,0,IF(K3-3500<=1500,(K3-3500)*0.03,IF(K3-3500<= 4500,(K3-3500)*0.1-

105,IF(K3-3500<=9000,(K3-3500)*0.2-555,IF(K3-3500<=35000,(K3-3500)*0.25-1005,IF(K3-3500<=55000,(K3-3500)*0.3-2755,IF(K3-3500<=80000,(K3-3500)*0.35-5505,IF(K3-3500>80000,(K3-3500)*0.45-13505,0))))))))”，按“Enter”键后拖动 O3 单元格右下角的填充柄至 O23 单元格，计算出所有员工的个人所得税，如图 4-10 所示。

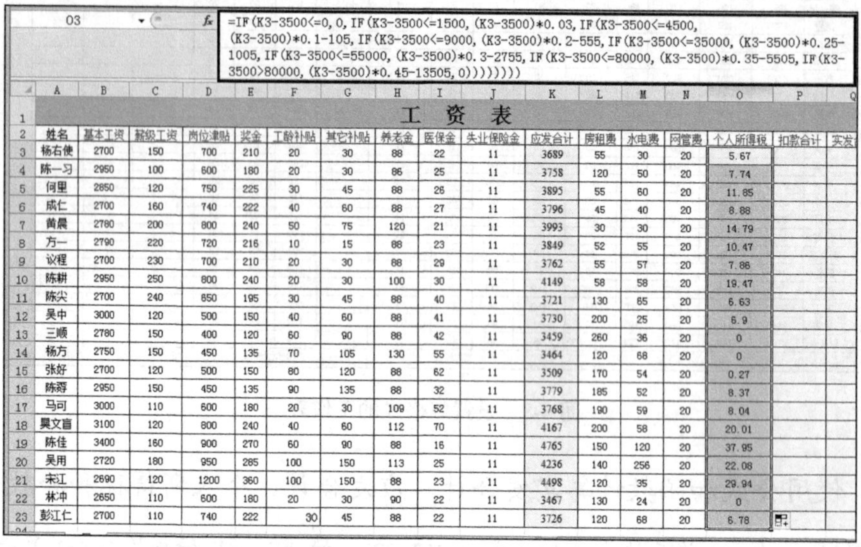

O3 =IF(K3-3500<=0,0,IF(K3-3500<=1500,(K3-3500)*0.03,IF(K3-3500<=4500,(K3-3500)*0.1-105,IF(K3-3500<=9000,(K3-3500)*0.2-555,IF(K3-3500<=35000,(K3-3500)*0.25-1005,IF(K3-3500<=55000,(K3-3500)*0.3-2755,IF(K3-3500<=80000,(K3-3500)*0.35-5505,IF(K3-3500>80000,(K3-3500)*0.45-13505,0))))))))

工资表

姓名	基本工资	薪级工资	岗位津贴	奖金	工龄补贴	其它补贴	养老金	医保金	失业保险金	应发合计	房租费	水电费	网管费	个人所得税	扣款合计	实发
杨右使	2700	150	700	210	20	30	88	22	11	3689	55	30	20	5.67		
陈一习	2950	100	600	180	20	30	86	25	11	3758	120	50	20	7.74		
何里	2850	120	750	225	30	45	88	26	11	3895	55	60	20	11.85		
成仁	2700	160	740	222	40	60	88	27	11	3796	45	40	20	8.88		
黄晨	2780	200	800	240	50	75	120	21	11	3993	30	30	20	14.79		
方一	2790	220	720	216	10	15	88	23	11	3849	52	55	20	10.47		
议程	2700	230	700	210	20	30	88	29	11	3762	55	57	20	7.86		
陈耕	2950	250	800	240	20	30	100	30	11	4149	58	58	20	19.47		
陈尖	2700	240	650	195	30	45	88	40	11	3721	130	65	20	6.63		
吴中	3000	120	500	150	40	60	88	41	11	3730	200	25	20	6.9		
三顺	2780	150	400	120	60	90	88	42	11	3459	260	36	20	0		
杨方	2750	150	450	135	70	105	130	55	11	3464	120	68	20	0		
张好	2700	120	500	150	80	120	88	62	11	3509	170	54	20	0.27		
陈孬	2950	150	450	135	90	135	88	32	11	3779	185	52	20	8.37		
马可	3000	110	600	180	20	30	109	52	11	3768	190	59	20	8.04		
昊文盲	3100	120	800	240	40	60	112	70	11	4167	200	58	20	20.01		
陈佳	3400	160	900	270	60	90	88	16	11	4765	150	120	20	37.95		
吴用	2720	180	950	285	100	150	113	25	11	4236	140	256	20	22.08		
宋江	2690	120	1200	360	100	150	88	23	11	4498	120	35	20	29.94		
林冲	2650	110	600	180	20	30	90	22	11	3467	130	24	20	0		
彭江仁	2700	110	740	222	30	45	88	22	11	3726	120	68	20	6.78		

图 4-10 计算“个人所得税”

步骤 4▶ 在 P3 单元格中输入公式“=SUM(L3:O3)”，按“Enter”键后拖动 P3 单元格右下角的填充柄至 P23 单元格，计算出所有员工的扣款合计，如图 4-11 所示。此时 Q3:Q23 单元格区域自动根据前面输入的公式填充所需数据。最后将工作簿另存为“工资表(计算)”。

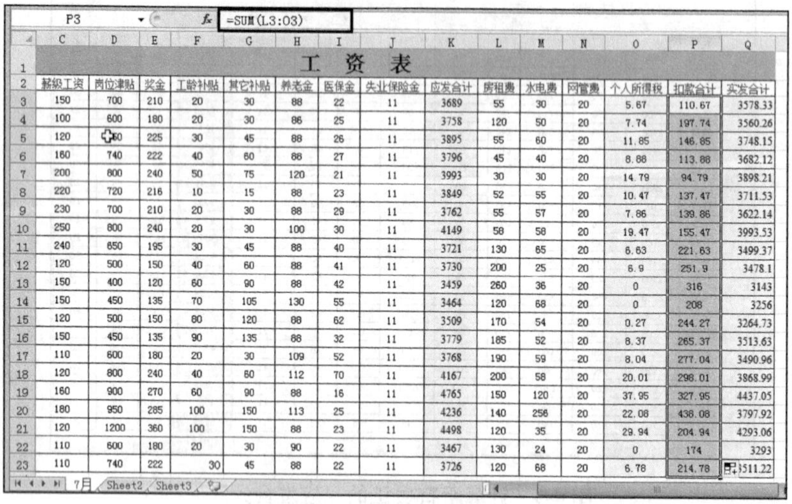

P3 =SUM(L3:O3)

工资表

薪级工资	岗位津贴	奖金	工龄补贴	其它补贴	养老金	医保金	失业保险金	应发合计	房租费	水电费	网管费	个人所得税	扣款合计	实发合计
150	700	210	20	30	88	22	11	3689	55	30	20	5.67	110.67	3578.33
100	600	180	20	30	86	25	11	3758	120	50	20	7.74	197.74	3560.26
120	[illegible]	225	30	45	88	26	11	3895	55	60	20	11.85	146.85	3748.15
160	740	222	40	60	88	27	11	3796	45	40	20	8.88	113.88	3682.12
200	800	240	50	75	120	21	11	3993	30	30	20	14.79	94.79	3898.21
220	720	216	10	15	88	23	11	3849	52	55	20	10.47	137.47	3711.53
230	700	210	20	30	88	29	11	3762	55	57	20	7.86	139.86	3622.14
250	800	240	20	30	100	30	11	4149	58	58	20	19.47	155.47	3993.53
240	650	195	30	45	88	40	11	3721	130	65	20	6.63	221.63	3499.37
120	500	150	40	60	88	41	11	3730	200	25	20	6.9	251.9	3478.1
150	400	120	60	90	88	42	11	3459	260	36	20	0	316	3143
150	450	135	70	105	130	55	11	3464	120	68	20	0	208	3256
120	500	150	80	120	88	62	11	3509	170	54	20	0.27	244.27	3264.73
150	450	135	90	135	88	32	11	3779	185	52	20	8.37	265.37	3513.63
110	600	180	20	30	109	52	11	3768	190	59	20	8.04	277.04	3490.96
120	800	240	40	60	112	70	11	4167	200	58	20	20.01	298.01	3868.99
160	900	270	60	90	88	16	11	4765	150	120	20	37.95	327.95	4437.05
180	950	285	100	150	113	25	11	4236	140	256	20	22.08	438.08	3797.92
120	1200	360	100	150	88	23	11	4498	120	35	20	29.94	204.94	4293.06
110	600	180	20	30	90	22	11	3467	130	24	20	0	174	3293
110	740	222	30	45	88	22	11	3726	120	68	20	6.78	214.78	3511.22

图 4-11 计算“扣款合计”

实验三 制作工资表图表

实验描述

下面通过为工资表中"姓名"排在前 10 位的员工制作如图 4-12 所示的独立图表，练习在工作表中创建并编辑图表的操作。

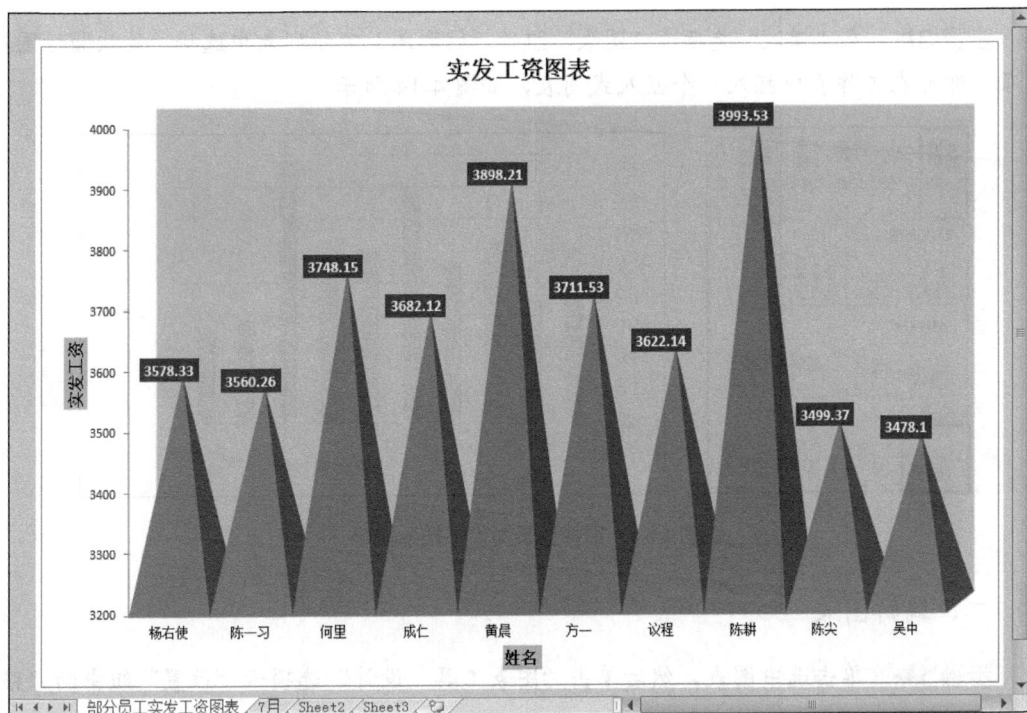

图 4-12 制作的部分员工实发工资图表

实验步骤

一、制作图表

步骤 1▶ 打开本书配套素材"项目四"文件夹中的"工资表（计算）"工作簿。

步骤 2▶ 选中"姓名"列中前 10 位员工及其相对应的"实发合计"列数据，如图 4-13 所示。

	A	B
1		
2	姓名	基本工资
3	杨右使	2700
4	陈一习	2950
5	何里	2850
6	成仁	2700
7	黄晨	2780
8	方一	2790
9	议程	2700
10	陈耕	2950
11	陈尖	2700
12	吴中	3000
13	三顺	2780

P	Q
扣款合计	实发合计
110.67	3578.33
197.74	3560.26
146.85	3748.15
113.88	3682.12
94.79	3898.21
137.47	3711.53
139.86	3622.14
155.47	3993.53
221.63	3499.37
251.9	3478.1
316	3143

图 4-13　选择要创建图表的数据

步骤 3▶　在"插入"选项卡"图表"组的"柱形图"下拉列表中选择"簇状圆柱图"选项，即可在工作表中插入一个嵌入式图表，如图 4-14 所示。

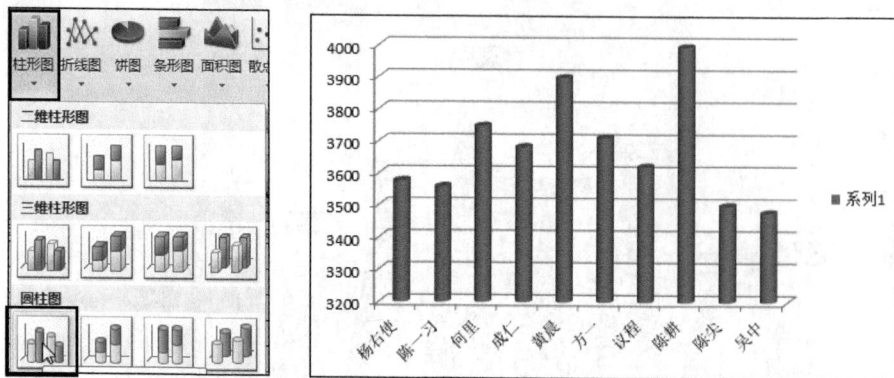

图 4-14　选择图表类型并插入图表

二、编辑图表

步骤 1▶　单击选中图表，然后单击"图表工具　设计"选项卡"位置"组中的"移动图表"按钮，如图 4-15（a）所示。

步骤 2▶　打开"移动图表"对话框，选中"新工作表"单选钮，然后在其右侧输入工作表名称"部分员工实发工资图表"，如图 4-15（b）所示。

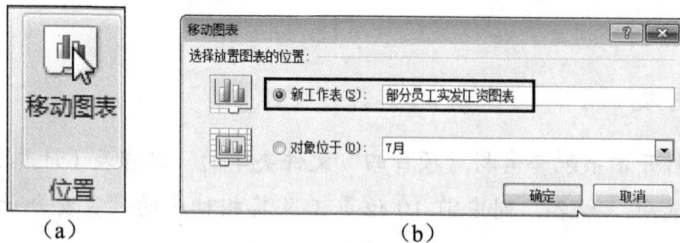

（a）　　　　　　　　　　　（b）

图 4-15　将图表设置为独立图表

步骤 3▶ 单击"确定"按钮，图表将放置在指定的工作表中，如图 4-16 所示。

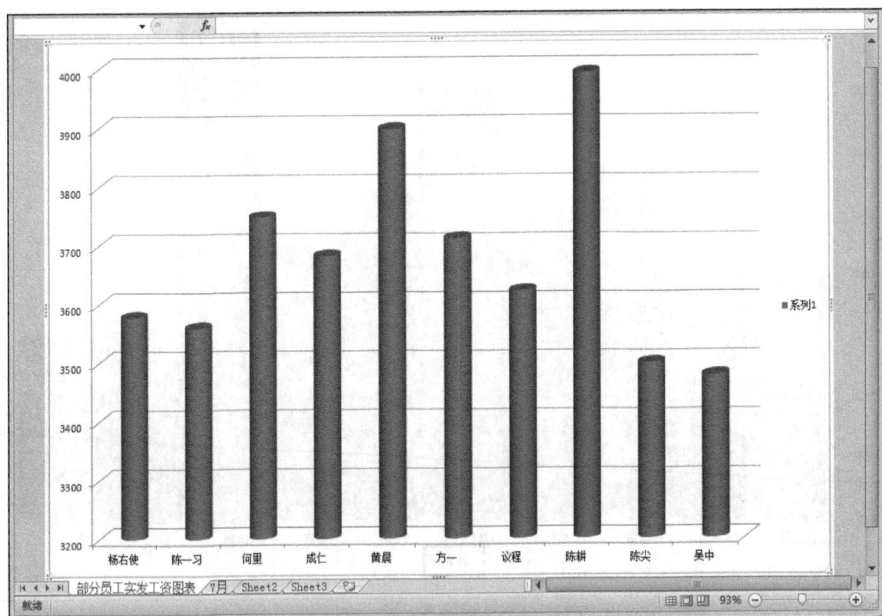

图 4-16　图表工作表

步骤 4▶ 在"图表工具　设计"选项卡"图表布局"组中单击"其他"按钮，在展开的列表中选择"布局 8"选项[见图 4-17（a）]，此时的图表如图 4-17（b）所示。

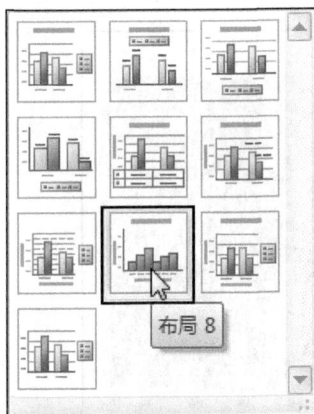

（a）

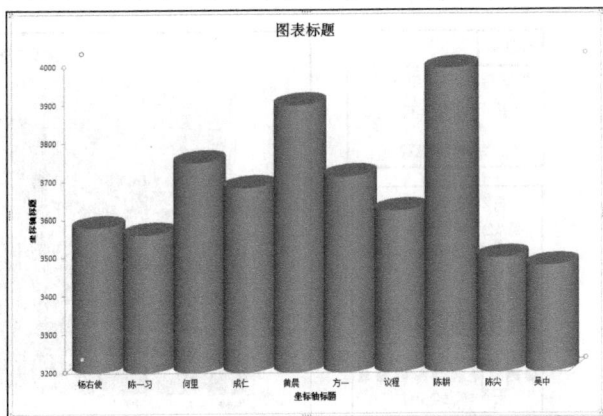

（b）

图 4-17　设置图表布局

步骤 5▶ 分别对图表标题、横纵坐标轴标题进行修改，效果如图 4-18 所示。

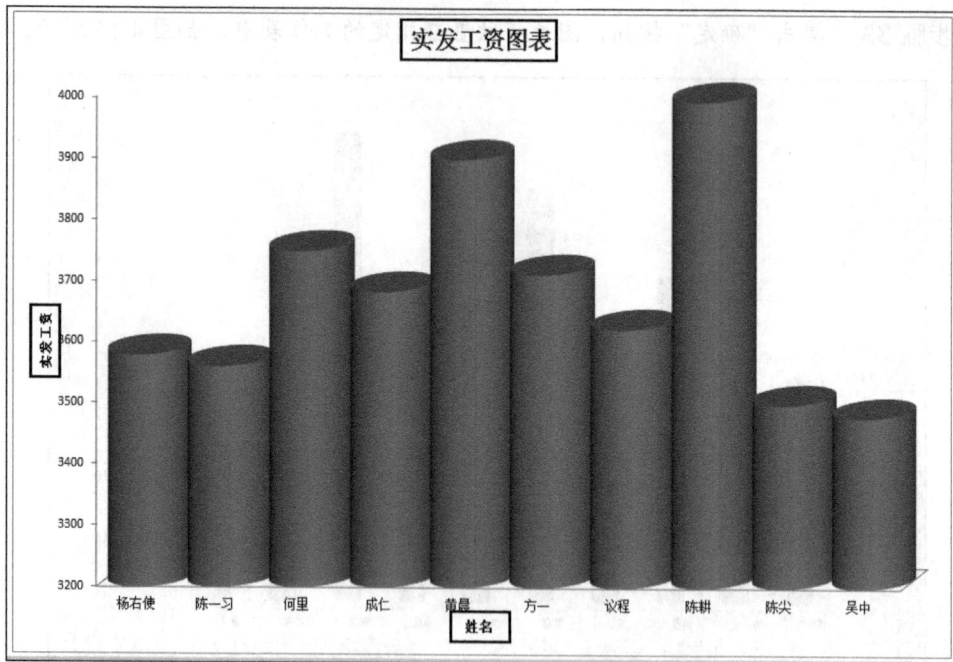

图 4-18   修改图表标题、横纵坐标轴标题后效果

步骤 6▶   在 "图表工具 格式" 选项卡 "当前所选内容" 组的 "图表元素" 下拉列表中选择 "背面墙" 选项，然后在 "形状样式" 组 "形状填充" 下拉列表中选择 "橙色" 选项，将图表背面墙填充为橙色，如图 4-19 所示。

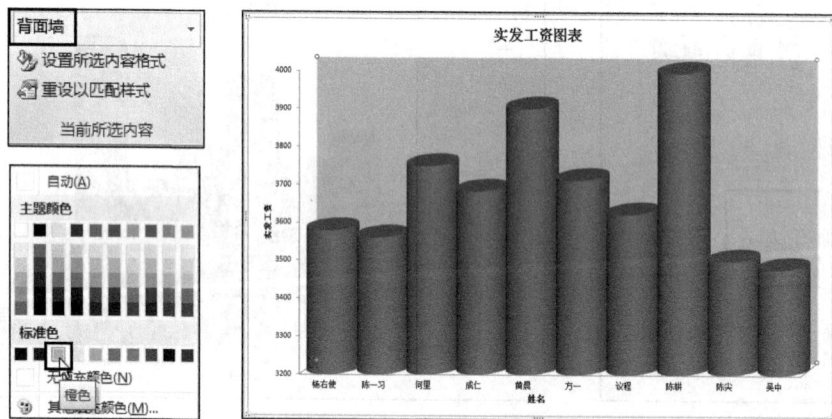

图 4-19   填充图表背面墙

步骤 7▶   在 "图表工具 布局" 选项卡 "标签" 组的 "数据标签" 下拉列表中选择 "显示" 选项，并设置标签的字号为 12，填充颜色为紫色，字体颜色为白色，字形为加粗，如图 4-20 所示。

步骤 8▶   将横纵坐标轴标题的字号也设置为 12，字形为加粗，填充颜色为浅绿。

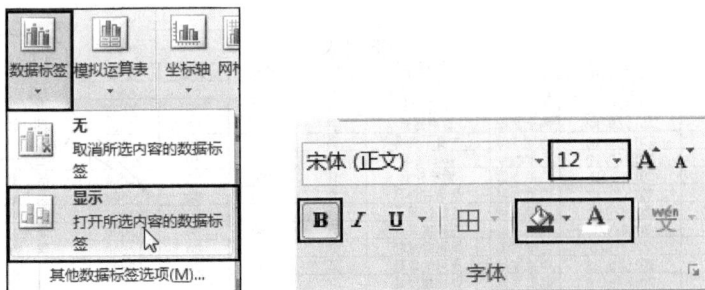

图 4-20 设置数据标签的字符格式

步骤 9▶ 单击 "图表工具 设计" 选项卡 "类型" 组中的 "更改图表类型" 按钮，将图表类型更改为 "簇状棱锥图"，单击 "确定" 按钮，如图 4-21 所示。图表的最终效果如图 4-12 所示。

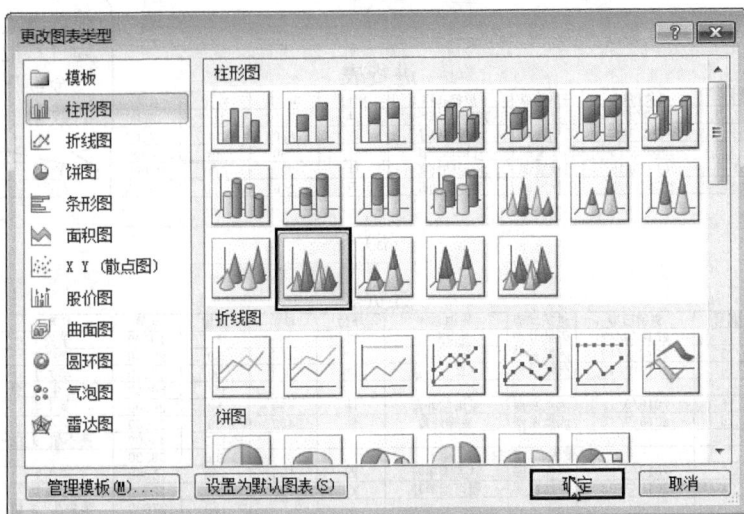

图 4-21 "更改图表类型" 对话框

实验四 分析进货表数据

实验描述

下面通过排序、筛选和分类汇总进货表数据（见图 4-22），练习对工作表数据进行多关键字排序、高级筛选和嵌套分类汇总的操作。

进货表

编号	进货日期	进货地点	货物名称	单位	单价	数量	金额	经手人
10	2018/9/5	乙批发部	361°运动鞋	双	180	50	9000	
22	2018/9/23	甲批发部	361运动鞋	双	180	50	9000	
12	2018/9/12	丙批发部	夏克露斯	件	200	50	10000	
14	2018/9/12	丙批发部	木真了外套	件	350	50	17500	
13	2018/9/12	丙批发部	Voca外套	件	450	50	225	
16	2018/9/15	丙批发部	爱神外套	件	450	50		李先生
15	2018/9/12	丙批发部	圣诺兰外套	件	520	50	26000	吴小姐
11	2018/9/5	乙批发部	红蜻蜓靴子	双	680	50	34000	吴小姐
8	2018/9/5	乙批发部	达芙妮单鞋	双	150	80	12000	李先生
9	2018/9/5	乙批发部	曼可妮单鞋	双	160	80	12800	吴小姐
21	2018/9/23	甲批发部	曼可妮单鞋	双	160	80	12800	李先生
18	2018/9/15	乙批发部	红袖坊外套	件	260	80	20800	吴小姐
3	2018/9/1	甲批发部	红蜻蜓靴子	双	680	80	54400	吴小姐
6	2018/9/5	甲批发部	秋鹿睡衣（女款）	件	100	90	9000	李先生
5	2018/9/5	乙批发部	秋鹿睡衣（男款）	件	80	100	8000	李先生
17	2018/9/15	乙批发部	秋水伊人外套	件	120	100	12000	李先生
20	2018/9/23	甲批发部	达芙妮单鞋	双	150	100	15000	李先生
24	2018/9/23	乙批发部	运动外套	件	150	100	15000	吴小姐
19	2018/9/15	乙批发部	蒂爱纳外套	件	220	100	22000	李先生
1	2018/9/1	甲批发部	星期六靴子	双	560	100	56000	吴小姐
23	2018/9/23	乙批发部	李宁运动鞋	双	240	120	28800	吴小姐
7	2018/9/5	乙批发部	鄂尔多斯羊毛衫	件	300	150	45000	李先生
2	2018/9/1	甲批发部	百丽靴子	双	710	150	106500	吴小姐
4	2018/9/1	甲批发部	森达靴子	双	450	200	90000	吴小姐

以"数量""金额"进行多关键字排序

（a）

进货表

编号	进货日期	进货地点	货物名称	单位	单价	数量	金额	
7	2018/9/5	乙批发部	鄂尔多斯羊毛衫	件	300	150	45000	
11	2018/9/5	乙批发部	红蜻蜓靴子	双	680	50	34000	
18	2018/9/15	乙批发部	红袖坊外套	件	260	80	20800	
19	2018/9/15	乙批发部	蒂爱纳外套	件	220	100	22000	李先生
23	2018/9/23	乙批发部	李宁运动鞋	双	240	120	28800	吴小姐

筛选出"进货地点"为"乙批发部"，且"金额"高于20000的数据

（b）

进货表

编号	进货日期	进货地点	货物名称	单位	单价	数量	金额	经手人
12	2018/9/12	丙批发部	夏克露斯	件	200	50	10000	李先生
13	2018/9/12	丙批发部	Voca外套	件	450	50	22500	李先生
14	2018/9/12	丙批发部	木真了外套	件	350	50	17500	李先生
						150	50000	李先生 汇总
15	2018/9/12	丙批发部	圣诺兰外套	件	520	50	26000	吴小姐
16	2018/9/15	丙批发部	爱神外套	件	450	50	22500	吴小姐
						100	48500	吴小姐 汇总
		丙批发部 汇总				250	98500	
20	2018/9/23	甲批发部	达芙妮单鞋	双	150	100	15000	李先生
21	2018/9/23	甲批发部	曼可妮单鞋	双	160	80	12800	李先生
						180	27800	李先生 汇总
1	2018/9/1	甲批发部	星期六靴子	双	560	100	56000	吴小姐
2	2018/9/1	甲批发部	百丽靴子	双	710	150	106500	吴小姐
3	2018/9/1	甲批发部	红蜻蜓靴子	双	680	80	54400	吴小姐
4	2018/9/1	甲批发部	森达靴子	双	450	200	90000	吴小姐
22	2018/9/23	甲批发部	361运动鞋	双	180	50	9000	吴小姐
						580	315900	吴小姐 汇总
		甲批发部 汇总				760	343700	
5	2018/9/5	乙批发部	秋鹿睡衣（男款）	件	80	100	8000	李先生
6	2018/9/5	乙批发部	秋鹿睡衣（女款）	件	100	90	9000	李先生
7	2018/9/5	乙批发部	鄂尔多斯羊毛衫	件	300	150	45000	李先生
8	2018/9/5	乙批发部	达芙妮单鞋	双	150	80	12000	李先生
19	2018/9/15	乙批发部	蒂爱纳外套	件	220	100	22000	李先生
						520	96000	李先生 汇总
9	2018/9/5	乙批发部	曼可妮单鞋	双	160	80	12800	吴小姐
10	2018/9/5	乙批发部	361°运动鞋	双	180	50	9000	吴小姐
11	2018/9/5	乙批发部	红蜻蜓靴子	双	680	50	34000	吴小姐
17	2018/9/15	乙批发部	秋水伊人外套	件	120	100	12000	吴小姐
18	2018/9/15	乙批发部	红袖坊外套	件	260	80	20800	吴小姐
23	2018/9/23	乙批发部	李宁运动鞋	双	240	120	28800	吴小姐
24	2018/9/23	乙批发部	运动外套	件	150	100	15000	吴小姐
						580	132400	吴小姐 汇总
		乙批发部 汇总				1100	228400	
		总计				2110	670600	

首先根据"进货地点"对货物"数量"和"金额"进行求和分类汇总，然后根据"经手人"对货物"数量"和"金额"进行嵌套分类汇总

（c）

图4-22　对工作表数据进行多关键字排序、高级筛选和嵌套分类汇总效果图

实验步骤

一、排序进货表数据

步骤 1▶ 新建"进货表"工作簿，然后在"Sheet1"工作表中输入所需数据，并进行相应的格式设置，效果如图 4-23 所示。

编号	进货日期	进货地点	货物名称	单位	单价	数量	金额	经手人
			进货表					
1	2018/9/1	甲批发部	星期六靴子	双	560	100	56000	吴小姐
2	2018/9/1	甲批发部	百丽靴子	双	710	150	106500	吴小姐
3	2018/9/1	甲批发部	红蜻蜓靴子	双	680	80	54400	吴小姐
4	2018/9/1	甲批发部	森达靴子	双	450	200	90000	吴小姐
5	2018/9/5	乙批发部	秋鹿睡衣（男款）	件	80	100	8000	李先生
6	2018/9/5	乙批发部	秋鹿睡衣（女款）	件	100	90	9000	李先生
7	2018/9/5	乙批发部	鄂尔多斯羊毛衫	件	300	150	45000	李先生
8	2018/9/5	乙批发部	达芙妮单鞋	双	150	80	12000	李先生
9	2018/9/5	乙批发部	曼可妮单鞋	双	160	80	12800	吴小姐
10	2018/9/5	乙批发部	361°运动鞋	双	180	50	9000	吴小姐
11	2018/9/5	乙批发部	红蜻蜓靴子	双	680	50	34000	李先生
12	2018/9/12	丙批发部	夏克霖斯	件	200	50	10000	李先生
13	2018/9/12	丙批发部	Voca外套	件	450	50	22500	李先生
14	2018/9/12	丙批发部	木真了外套	件	350	50	17500	李先生
15	2018/9/12	丙批发部	圣诺兰外套	件	520	50	26000	吴小姐
16	2018/9/15	丙批发部	爱神外套	件	450	50	22500	吴小姐
17	2018/9/15	乙批发部	秋水伊人外套	件	120	100	12000	吴小姐
18	2018/9/15	乙批发部	红袖坊外套	件	260	80	20800	吴小姐
19	2018/9/15	乙批发部	蒂爱纳外套	件	220	100	22000	李先生
20	2018/9/23	甲批发部	达芙妮单鞋	双	150	100	15000	李先生
21	2018/9/23	甲批发部	曼可妮单鞋	双	160	80	12800	李先生
22	2018/9/23	甲批发部	361运动鞋	双	180	50	9000	吴小姐
23	2018/9/23	乙批发部	李宁运动鞋	双	240	120	28800	吴小姐
24	2018/9/23	乙批发部	运动外套	件	150	100	15000	吴小姐

图 4-23 制作的进货表

步骤 2▶ 单击工作表数据区域中的任一单元格，然后单击"数据"选项卡"排序和筛选"组中的"排序"按钮，在打开的对话框中对"数量"和"金额"列进行升序排序，如图 4-24 所示。

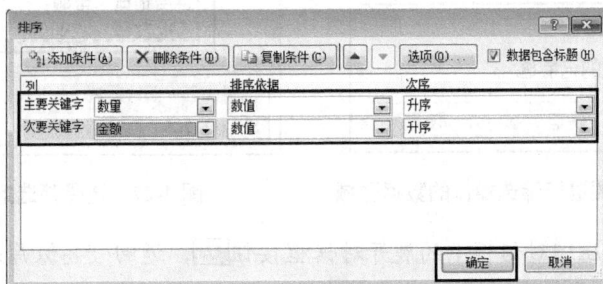

图 4-24 设置多关键字排序

步骤 3▶ 单击"确定"按钮，效果如图 4-22（a）所示。然后将工作簿另存为"进货表（排序）"。

二、筛选进货表数据

下面筛选出"进货地点"为"乙批发部",且"金额"高于 20000 的数据。

步骤 1▶ 打开"进货表"工作簿,在如图 4-25 所示的单元格区域输入筛选条件,然后单击工作表的任一单元格,再单击"数据"选项卡"排序和筛选"组中的"高级"按钮。

图 4-25 输入筛选条件后单击"高级"按钮

步骤 2▶ 打开"高级筛选"对话框,保持"在原有区域显示筛选结果"单选钮的选中状态,并确认要进行筛选操作的数据区域,然后单击"条件区域"右侧的压缩对话框按钮,如图 4-26 所示。

步骤 3▶ 在工作表中选择步骤 1 输入的筛选条件,如图 4-27 所示。

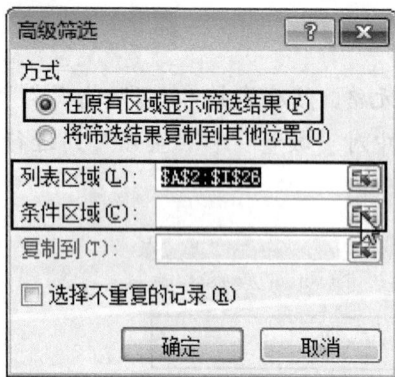

图 4-26 确认要进行筛选操作的数据区域

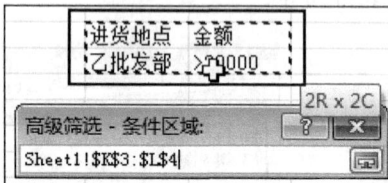

图 4-27 选择筛选条件

步骤 4▶ 单击压缩对话框中的展开对话框按钮,返回"高级筛选"对话框,单击"确定"按钮,效果如图 4-22(b)所示,然后将工作簿另存为"进货表(筛选)"。

三、分类汇总进货表数据

下面首先根据"进货地点"对货物"数量"和"金额"进行求和分类汇总,然后根据"经手人"对货物"数量"和"金额"进行嵌套分类汇总。

步骤 1▶ 打开"进货表"工作簿，对"进货地点"和"经手人"进行升序排序，参数设置如图 4-28 所示。然后单击"确定"按钮。

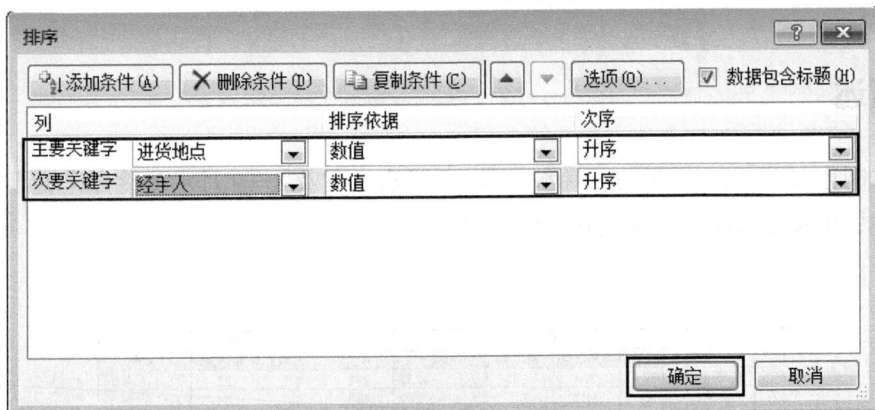

图 4-28 设置多关键字排序选项

步骤 2▶ 单击"数据"选项卡"分级显示"组中的"分类汇总"按钮，打开"分类汇总"对话框，进行如图 4-29（a）所示的参数设置。

步骤 3▶ 单击"确定"按钮后再次打开"分类汇总"对话框，并进行如图 4-29（b）所示的参数设置。

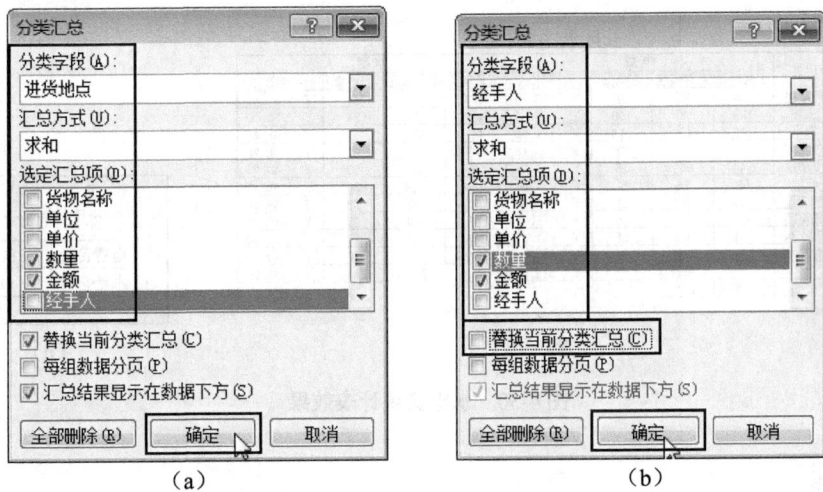

（a）　　　　　　　　　　　　　（b）

图 4-29 设置嵌套分类汇总选项

步骤 4▶ 单击"确定"按钮，效果如图 4-22（c）所示。最后将工作簿另存为"进货表（分类汇总）"。

实验五　制作水电费统计表

实验描述

通过制作如图 4-30 所示的 8 月水电费、9 月水电费及 8—9 月水电费合计统计表，练习单元格引用及公式和函数在实践中的应用。

8月水电费

门牌号	户主	电费				水费			
		上月表底	本月表底	用电量	电费	上月表底	本月表底	用水量	水费
0101	何华生	239	334	95	¥ 42.75	454	477	23	¥ 40.25
0102	王婷	123	189	66	¥ 29.70	453	487	34	¥ 59.50
0103	李平	122	175	53	¥ 23.85	322	443	121	¥ 211.75
0104	钟承绪	333	398	65	¥ 29.25	33	78	45	¥ 78.75
0105	罗丽婷	432	544	112	¥ 50.40	234	288	54	¥ 94.50
0106	江敏	23	65	42	¥ 18.90	221	288	67	¥ 117.25
0107	胡蓝星	124	343	219	¥ 98.55	321	354	33	¥ 57.75
0108	张美莲	324	456	132	¥ 59.40	33	78	45	¥ 78.75
0109	廖咏南	246	301	55	¥ 24.75	105	176	71	¥ 124.25
0110	曾虎龙	225	334	109	¥ 49.05	256	302	46	¥ 80.50
		电费合计				水费合计			
电费单价	0.45	水费单价	1.75						

（a）

9月水电费

门牌号	户主	电费				水费			
		上月表底	本月表底	用电量	电费	上月表底	本月表底	用水量	水费
0101	何华生	334	365	31	¥ 13.95	477	501	24	¥ 42.00
0102	王婷	189	379	190	¥ 85.50	487	521	34	¥ 59.50
0103	李平	175	488	313	¥ 140.85	443	478	35	¥ 61.25
0104	钟承绪	398	425	27	¥ 12.15	78	99	21	¥ 36.75
0105	罗丽婷	544	569	25	¥ 11.25	288	311	23	¥ 40.25
0106	江敏	65	76	11	¥ 4.95	288	324	36	¥ 63.00
0107	胡蓝星	343	364	21	¥ 9.45	354	386	32	¥ 56.00
0108	张美莲	456	471	15	¥ 6.75	78	101	23	¥ 40.25
0109	廖咏南	301	326	25	¥ 11.25	176	204	28	¥ 49.00
0110	曾虎龙	334	375	41	¥ 18.45	302	328	26	¥ 45.50
		电费合计			¥ 314.55	水费合计			¥ 493.50
电费单价	0.45	水费单价	1.75						

（b）

8—9月水电费合计	
电费合计	314.55
水费合计	493.5

（c）

图 4-30　水电费统计表效果

实验步骤

步骤 1▶ 新建一个工作簿，将系统默认创建的 3 个工作表分别重命名为“8 月”“9 月”“合计”，然后同时选中“8 月”和“9 月”工作表，使其成为工作表组，再参考图 4-31 在“8 月”工作表中设置表格结构，输入基本数据及美化表格。此时，在“9 月”工作表中也将创建相同的表格。

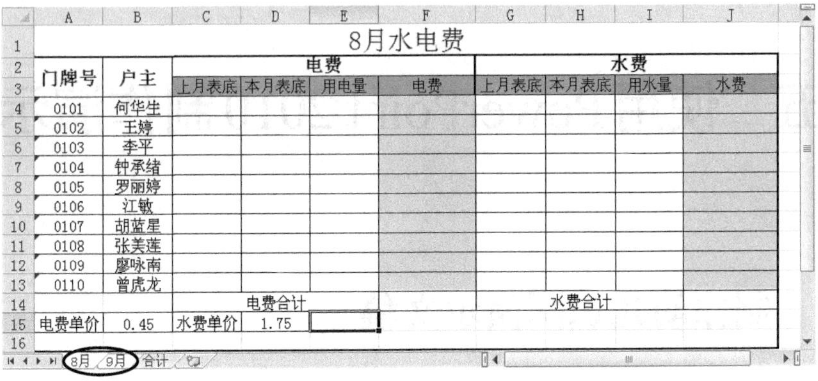

门牌号	户主	电费				水费			
		上月表底	本月表底	用电量	电费	上月表底	本月表底	用水量	水费
0101	何华生								
0102	王婷								
0103	李平								
0104	钟承绪								
0105	罗丽婷								
0106	江敏								
0107	胡蓝星								
0108	张美莲								
0109	廖咏南								
0110	曾虎龙								
			电费合计				水费合计		
电费单价	0.45	水费单价	1.75						

图 4-31　在工作表组中设置表格结构，输入基本数据及美化表格

步骤 2▶　单击“合计”工作标签以取消工作表组，然后切换到“8 月”工作表。参考图 4-30（a），分别在“电费”和“水费”的“上月表底”和“本月表底”列输入数据，并利用公式计算出各户主的用电量和用水量（=本月表底－上月表底）。

步骤 3▶　在“8 月”工作表的 F4 单元格中输入公式“=E4*B15”（B15 表示对 B15 单元格采用绝对引用），计算出第一个户主的电费，然后拖动 F4 单元格的填充柄至 F13 单元格，计算出其他户主的电费；使用相同的方法计算出各户主的水费（水费单价位于 D15 单元格中，同样使用绝对引用）；最后利用求和函数计算出电费和水费合计。

步骤 4▶　切换到“9 月”工作表，将表格名称修改为“9 月水电费”，然后参考图 4-30（b），分别在“水费”和“电费”的“本月表底”列输入数据。

步骤 5▶　在电费“上月表底”的第一个记录（C4 单元格）中输入“=”号，然后切换到“8 月”工作表，单击 D4 单元格，按【Enter】键，从而引用该单元格中的数据。此时程序将自动返回“9 月”工作表，用户可向下拖动 C4 单元格的填充柄至 C13 单元格，完成各户主电费“上月表底”的输入。参考此方法输入水费“上月表底”各户主的数据。

步骤 6▶　计算 9 月份各户主的电费和水费，以及水电费合计。

步骤 7▶　参考图 4-30（c），在“合计”工作表中输入基本数据，并利用求和公式，通过引用“8 月”和“9 月”工作表中的水费和电费合计，计算这两个月的水电费合计。

项目五　使用PowerPoint 2010制作演示文稿

实验一　制作幼儿识图演示文稿

实验描述

下面通过制作如图 5-1 所示的幼儿识图演示文稿，练习演示文稿的新建及在幻灯片中插入图片、形状和艺术字并编辑的操作。

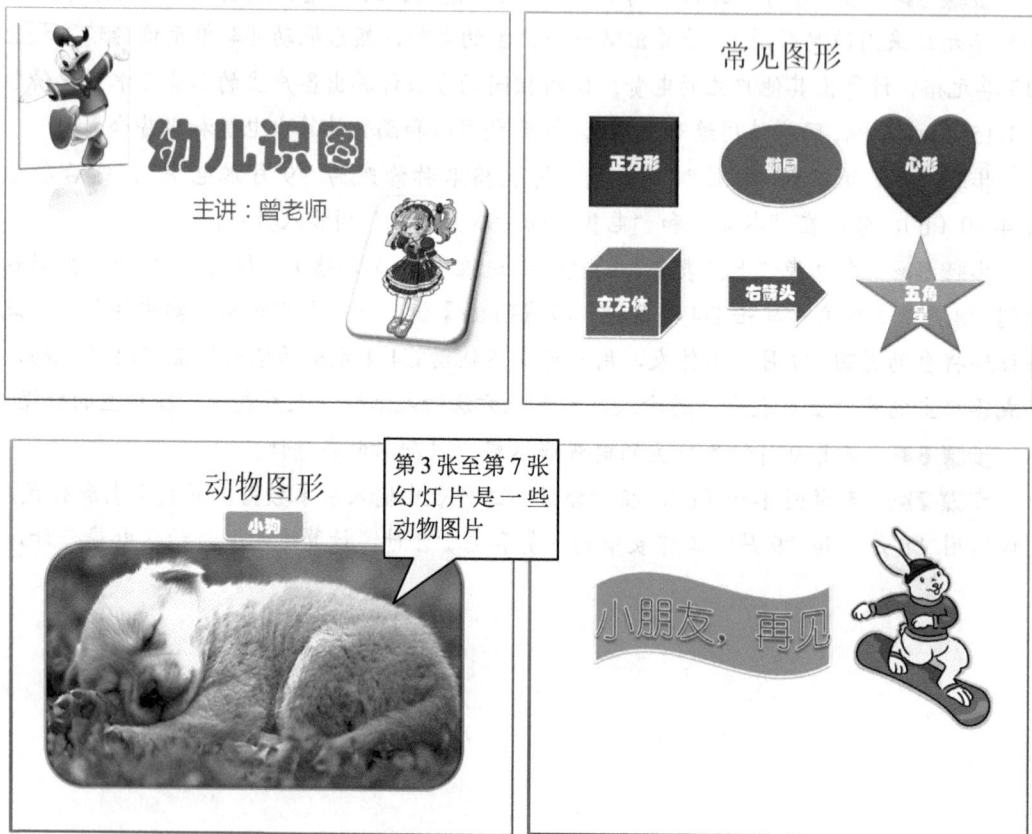

图 5-1　幼儿识图演示文稿效果图

实验步骤

一、制作演示文稿的第 1 张和第 2 张幻灯片

步骤 1▶ 新建一空白演示文稿，以"幼儿识图"为名将其保存。在第 1 张幻灯片的标题占位符和副标题占位符中分别输入如图 5-2 所示的文本，并参考图中所示设置字体、字号和字体颜色，以及适当移动两个占位符的位置。

步骤 2▶ 新建一张版式为"仅标题"的幻灯片，在标题占位符中输入文本"常见图形"，并保持默认的字体不变。

步骤 3▶ 在"插入"选项卡"插图"组的"形状"下拉列表中选择"矩形"类别中的"矩形"工具□，然后按住"Shift"键，在幻灯片中拖动鼠标绘制一个正方形，如图 5-3 所示。

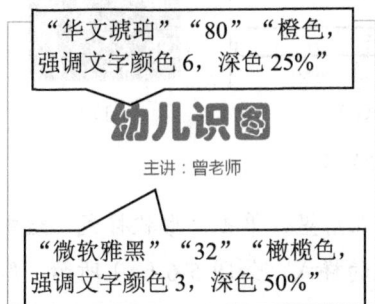

"华文琥珀""80""橙色，强调文字颜色 6，深色 25%"

"微软雅黑""32""橄榄色，强调文字颜色 3，深色 50%"

图 5-2　制作第 1 张幻灯片　　　　图 5-3　在第 2 张幻灯片中绘制正方形

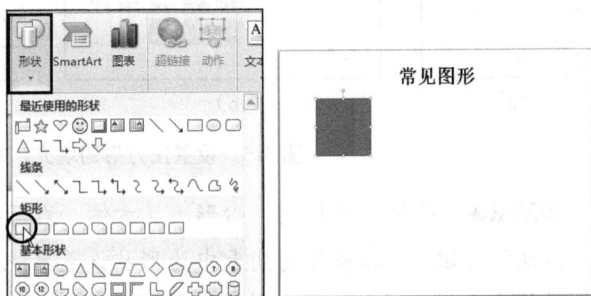

步骤 4▶ 在"形状"下拉列表中依次选择"基本形状"类别中的"椭圆"○、"心形"♡、"立方体"▱，"箭头总汇"类别中的"右箭头"⇨，以及"星与旗帜"类别中的"五角星"☆形状工具，在幻灯片中拖动鼠标绘制如图 5-4（a）所示的图形。

步骤 5▶ 适当移动各图形的位置并调整其大小，然后分别选中上方的三个图形和下方的三个图形，在"绘图工具　格式"选项卡"排列"组的"对齐"下拉列表中选择"上下居中"和"横向分布"选项，如图 5-4（b）所示。此时的幻灯片效果如图 5-4（c）所示。

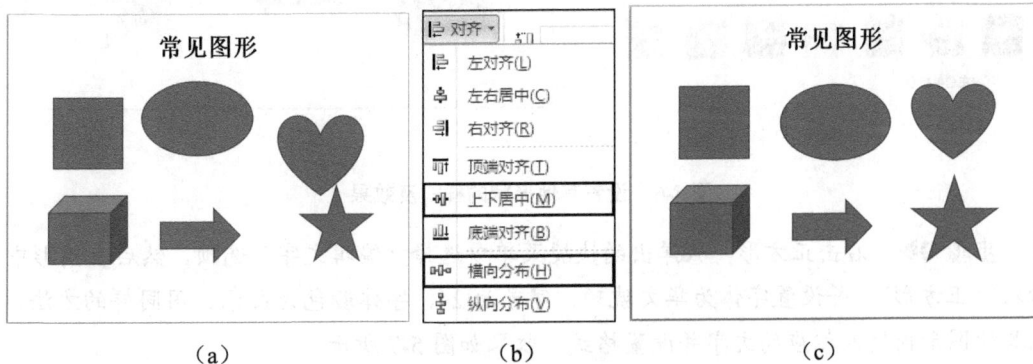

（a）　　　　　　　　　（b）　　　　　　　　　（c）

图 5-4　绘制其他形状并设置对齐和分布

步骤6▶ 选中正方形，然后单击"绘图工具 格式"选项卡"形状样式"组中"形状填充"按钮右侧的三角按钮，在展开的列表中选择蓝色；再在该列表中选择"渐变"选项，在弹出的子列表中选择一种渐变类型，如图5-5（a）和图5-5（b）所示。

步骤7▶ 保持正方形的选中状态，单击"形状轮廓"按钮右侧的三角按钮，在展开的列表中选择"无轮廓"选项，如图5-5（c）所示；单击"形状效果"按钮右侧的三角按钮，在展开的列表中选择"棱台"/"草皮"选项，此时正方形效果如图5-5（d）所示。

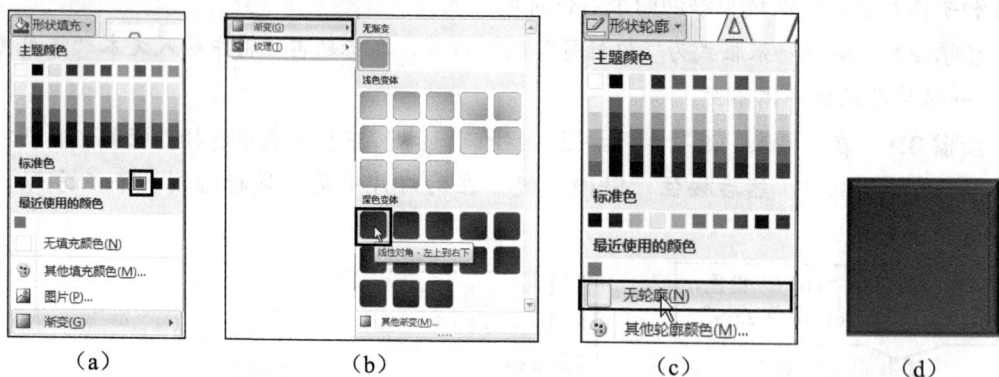

|（a）|（b）|（c）|（d）|

图5-5 设置正方形的填充、轮廓和效果

步骤8▶ 分别选中椭圆、心形、立方体、右箭头和五角星，单击"形状样式"组中的"其他"按钮，在展开的列表中为形状设置系统内置的样式，如图5-6（a）所示。用户可根据个人喜好进行选择，效果如图5-6（b）所示。

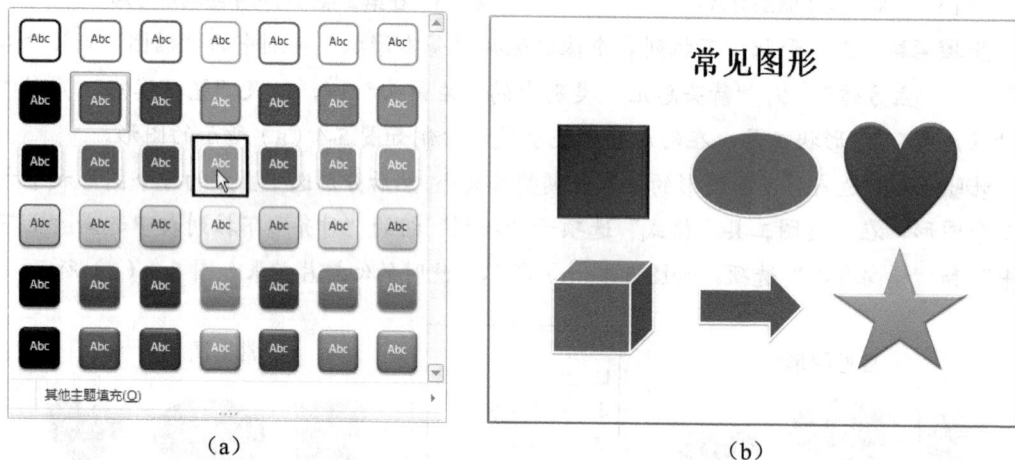

常见图形

|（a）|（b）|

图5-6 设置其他形状的样式及效果

步骤9▶ 右击正方形，从弹出的快捷菜单中选择"编辑文字"选项，然后在图形中输入"正方形"，并设置字体为华文琥珀，字号为24，字体颜色为白色。用同样的方法，在其他图形内输入相应的文字并设置格式，效果如图5-7所示。

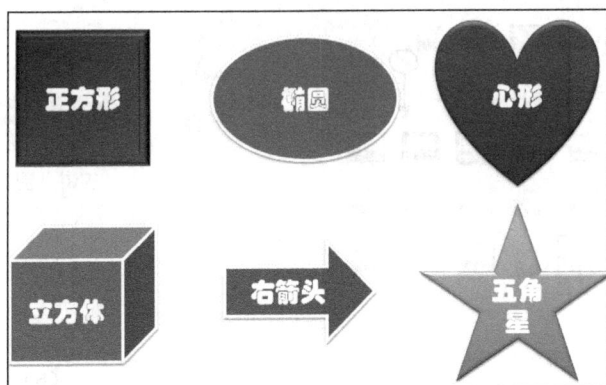

图 5-7　在图形中输入文字并设置格式

步骤 **10**▶　选中所有图形，右击，从弹出的快捷菜单中选择"组合"/"组合"选项，将所有图形组合。

步骤 **11**▶　切换到第 1 张幻灯片，然后单击"插入"选项卡"图像"组中的"图片"按钮，打开"插入图片"对话框。

步骤 **12**▶　在打开的"插入图片"对话框中选择本书配套素材"项目五"文件夹中的"卡通 1"和"卡通 2"图片，如图 5-8（a）所示。然后单击"插入"按钮，将所选的图片插入当前幻灯片的中心位置。

步骤 **13**▶　将插入的图片适当等比例缩小，移动到如图 5-8（b）所示的位置。

（a）　　　　　　　　　　　　　　　　（b）

图 5-8　插入图片并适当缩小和移动

步骤 **14**▶　选中左上角的图片，单击"图片工具　格式"选项卡"图片样式"组中的"其他"按钮⤓，在展开的样式列表中选择"映像右透视"选项，如图 5-9（a）所示；用同样的方法为右下角的图片应用"棱台透视"样式，效果如图 5-9（b）所示。

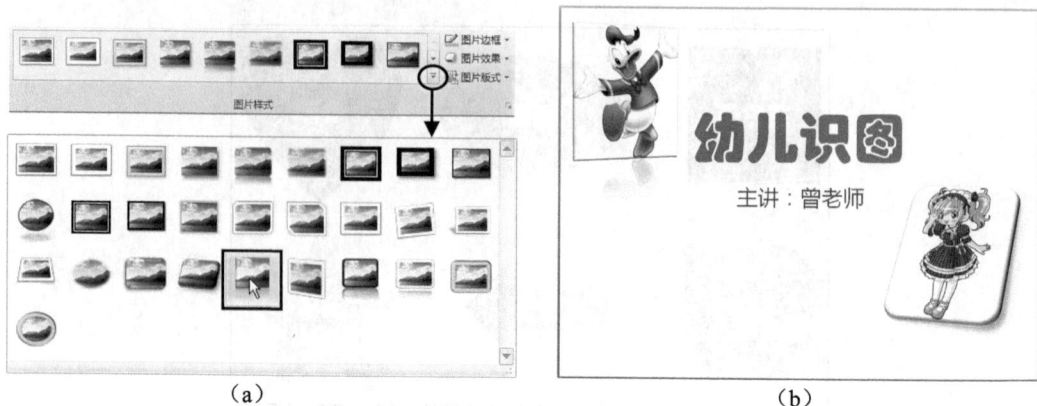

（a）　　　　　　　　　　　（b）

图 5-9　为图片应用系统内置的样式

二、制作演示文稿的其他幻灯片

步骤 1▶　在第 2 张幻灯片之后新建一张版式为"仅标题"的幻灯片，输入标题"动物图形"。然后插入本书配套素材"项目五"文件夹中的"小狗"图片，调整图片至合适大小，效果如图 5-10 所示。

步骤 2▶　单击"图片工具　格式"选项卡"大小"组中"裁剪"按钮下方的三角按钮，在弹出的列表中依次选择"裁剪为形状"/"圆角矩形"选项，将图片裁剪为圆角矩形，如图 5-11 所示。

图 5-10　调整图片大小

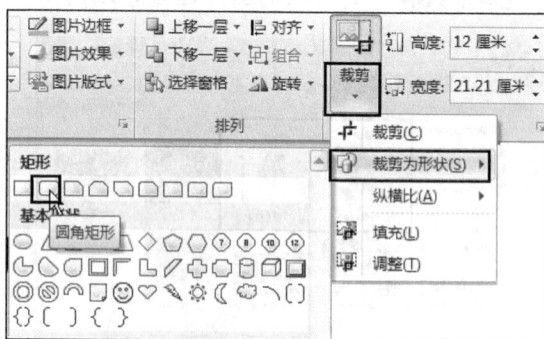

图 5-11　将图片裁剪为圆角矩形

步骤 3▶　保持图片的选中状态，在"图片工具　格式"选项卡"图片样式"组的"图片边框"下拉列表中选择橙色，并将边框粗细设为 3 磅；接着在"图片效果"下拉列表中选择"棱台"/"艺术装饰"选项，此时图片效果如图 5-12 所示。

步骤 4▶　在图片上方绘制一个圆角矩形，为其应用合适的内置样式（可根据自己的喜好选择），然后在其中输入文本"小狗"，设置字体为华文琥珀，字号为 24，字体颜色为白色，效果如图 5-13 所示。

图 5-12　设置图片边框和图片效果

图 5-13　绘制圆角矩形并输入文本

步骤 5▶　新建一张版式为"空白"的幻灯片，参考前面的步骤，在其中插入图片"老虎"。将图片裁剪为圆角矩形，设置图片边框和效果，再在图片上方绘制圆角矩形并输入"老虎"文本，效果如图 5-14（a）所示。

步骤 6▶　参考以上方法依次新建 3 张空白版式的幻灯片，分别插入图片"狮子""老鹰""猩猩"并进行设置（也可直接为图片应用内置样式），效果分别如图 5-14（b）、图 5-14（c）、图 5-14（d）所示。

（a）

（b）

（c）

（d）

图 5-14　制作其他幻灯片

步骤 7▶　检查设置的图片效果，然后利用"图片工具　格式"选项卡"调整"组中的按钮对部分图片的亮度和对比度进行调整，以及利用"大小"组中的"裁剪"按钮将某些图片下方的网址裁掉。

步骤 8▶　在演示文稿的最后添加一张空白幻灯片，然后利用"剪贴画"任务窗格插入一张卡通画，如图 5-15 所示。

步骤 9▶ 展开"形状"下拉列表，绘制一个"星与旗帜"类别中的"波形"形状 〰，在形状内输入文字"小朋友，再见"，设置字体为幼圆，字号为48，效果如图5-16所示。

图 5-15 插入剪贴画

图 5-16 绘制"波形"形状并输入文本

步骤 10▶ 在"绘图工具 格式"选项卡"形状样式"组的列表中为形状选择一种样式；在"艺术字样式"组中为文本选择一种艺术字样式，并在"文本填充"列表中设置文本的填充颜色为蓝色；最后在"文本效果"列表中选择"转换"/"波形1"选项。设置过程和效果如图5-17所示。最后再次保存演示文稿。

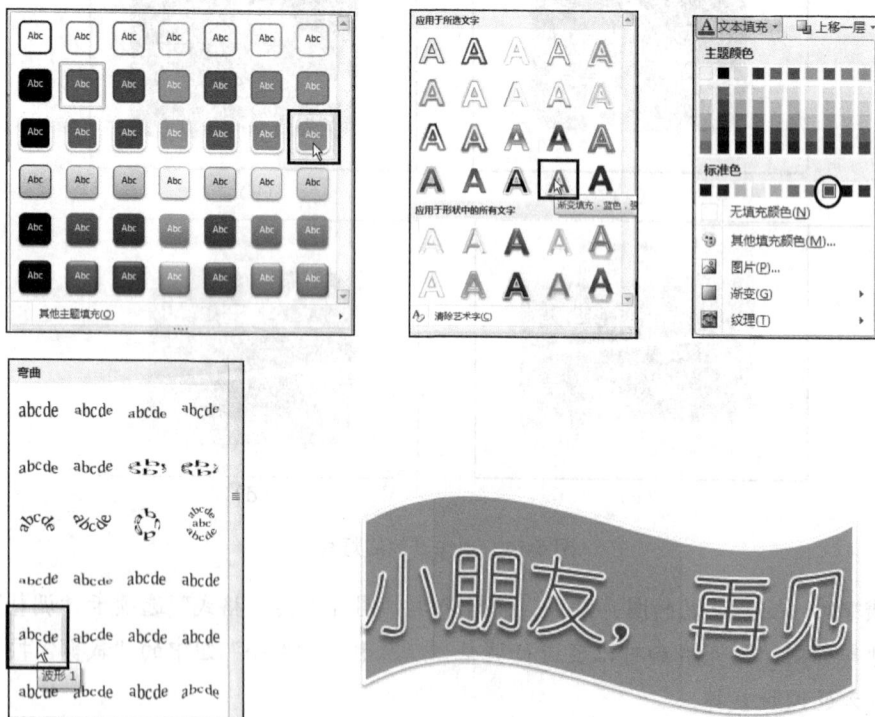

图 5-17 设置形状和艺术字效果

实验二　制作产品宣传演示文稿

实验描述

下面通过制作如图 5-18 所示的产品宣传演示文稿，练习使用幻灯片母版，为段落设置外部项目符号，为演示文稿设置切换效果，为幻灯片中的对象设置动画效果等操作。

图 5-18　制作好的电脑产品宣传演示文稿

实验步骤

一、使用幻灯片母版

步骤 1▶ 新建一空白演示文稿并将其以"联想电脑产品宣传"为名保存。

步骤 2▶ 在"视图"选项卡的"母版视图"组中单击"幻灯片母版"按钮，进入幻灯片母版视图。

步骤 3▶ 删除幻灯片母版上所有的预设文本框，然后单击"插入"选项卡"图像"组中的"图片"按钮，在打开的对话框中选择本书配套素材"项目五"文件夹中的"bg1.jpg"图片，将其插入，然后将其移至幻灯片的上方，效果如图 5-19 所示。

图 5-19　在幻灯片母版中插入图片

步骤 4▶ 插入艺术字"Lenovo"，艺术字样式如图 5-20（a）所示，字体为黑体，然后在"图片工具　格式"选项卡"艺术字样式"组的"文字效果"下拉列表中选择"转换"/"左领章"选项，如图 5-20（b）所示。将艺术字移至图片左侧，使其效果如图 5-20（c）所示。

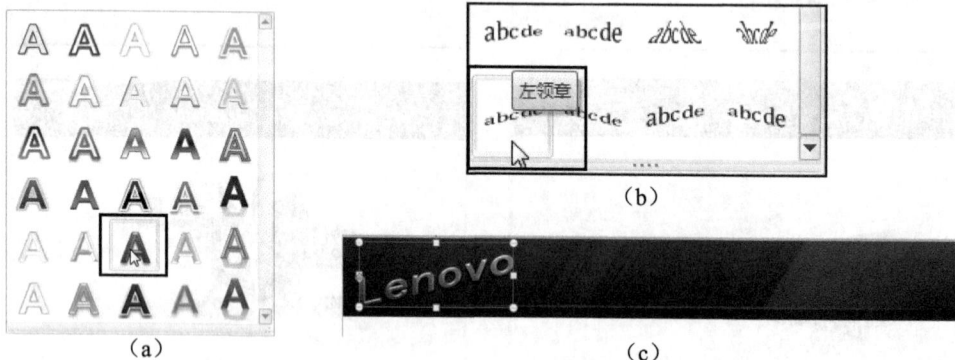

（a）

（b）

（c）

图 5-20　选择艺术字样式并设置其文字效果和位置

步骤 5▶ 参照插入"Lenovo"艺术字的方法，再次插入字体为黑体、字号为 24、字体颜色为白色的艺术字"新产品发布-IdeaPad U310"。将插入的艺术字移动到"Lenovo"的右侧，如图 5-21 所示。这样，幻灯片母版便编辑好了。单击"幻灯片母版视图"选项卡中的"关闭母版视图"按钮，退出母版视图。

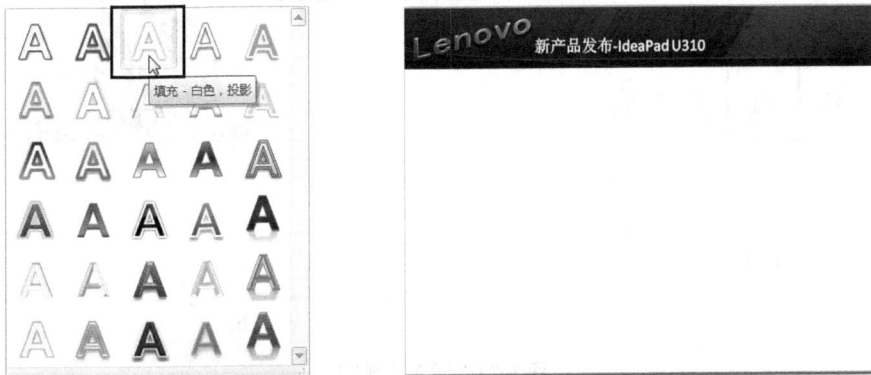

图 5-21 再次插入艺术字

二、制作第 1 张和第 2 张幻灯片

步骤 1▶ 在第 1 张幻灯片的标题和副标题占位符中输入所需文本，并在"绘图工具格式"选项卡"艺术字样式"列表中选择如图 5-22（a）所示的样式。

步骤 2▶ 将标题和副标题占位符的字号分别设置为 72 和 48，此时的幻灯片效果如图 5-22（b）所示。

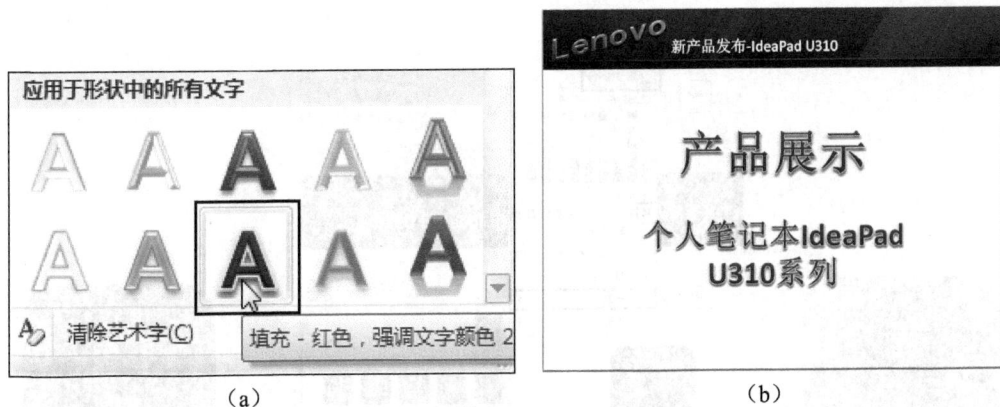

（a）　　　　　　　　　　　　　（b）

图 5-22 制作第 1 张幻灯片

步骤 3▶ 插入一张新的空白幻灯片，然后单击"插入"选项卡"图像"组中的"图片"按钮，插入本书配套素材"项目五"/"产品图片 1.jpg"，并调整图片位置，使其位于幻灯片右侧。

步骤 4▶ 插入艺术字"时尚超薄 长效续航"，艺术字样式如图 5-23（a）所示，字体为黑体，字号为 28。再将插入的艺术字移至幻灯片左上方，效果如图 5-23（b）所示。

（a）　　　　　　　　　　　（b）

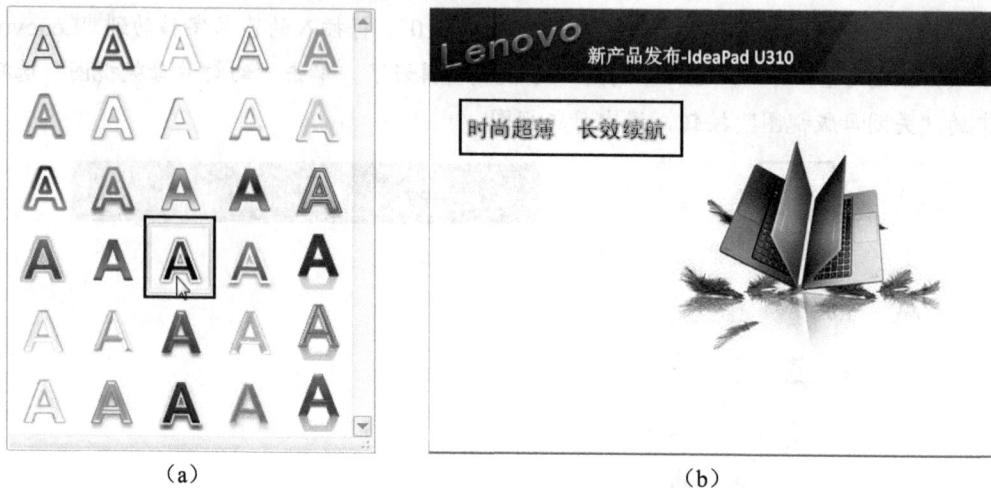

图 5-23　插入艺术字

步骤 5▶　绘制一个正圆角矩形，如图 5-24（a）所示。然后单击"绘图工具　格式"选项卡"形状样式"组中"形状填充"按钮右侧的三角按钮，在展开的列表中先选择"深红"，再选择"渐变"/"中心辐射"选项，如图 5-24（b）所示。

步骤 6▶　单击"形状轮廓"按钮右侧的三角按钮，在展开的列表中选择"无轮廓"选项。

步骤 7▶　在自选图形上绘制一个水平文本框，在文本框内分段输入文字"1.3KG"，然后设置文字字体为黑体，字形为加粗，字体颜色为白色，对齐方式为居中对齐。再单独设置文字"1.3"的字号为 24，文字"KG"的字号为 18，并组合自选图形与文本框，效果如图 5-25 所示。

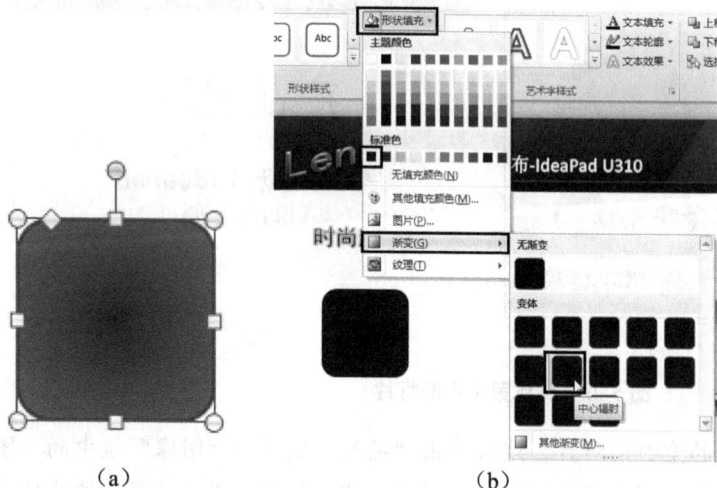

（a）　　　　　　　　　　　（b）

图 5-24　绘制自选图形并设置格式　　　　图 5-25　添加文字

步骤 8▶　按住"Ctrl"键拖动两次组合后的自选图形和文本框，将其复制出两份副本，然后分别修改文本框内的文本内容，最后调整各对象的位置，完成第 2 张幻灯片的制作，

效果如图 5-26 所示。

三、制作其他幻灯片

步骤 1▶ 插入一张版式为"空白"的新幻灯片，然后参照第 2 张幻灯片的制作方法插入图片"产品图片 2.jpg"和艺术字，效果如图 5-27 所示。

图 5-26 完成第 2 张幻灯片的制作

图 5-27 插入幻灯片并添加图片和艺术字

步骤 2▶ 在艺术字的下方拖动鼠标绘制一个水平文本框，在文本框内输入如图 5-28（a）所示的文字（注意换段，图中所示为选中文本后的效果），然后选中文本框内的文字，参照图 5-28（b）为其添加外部图片作为项目符号。第 3 张幻灯片的完成效果如图 5-29 所示。

（a）

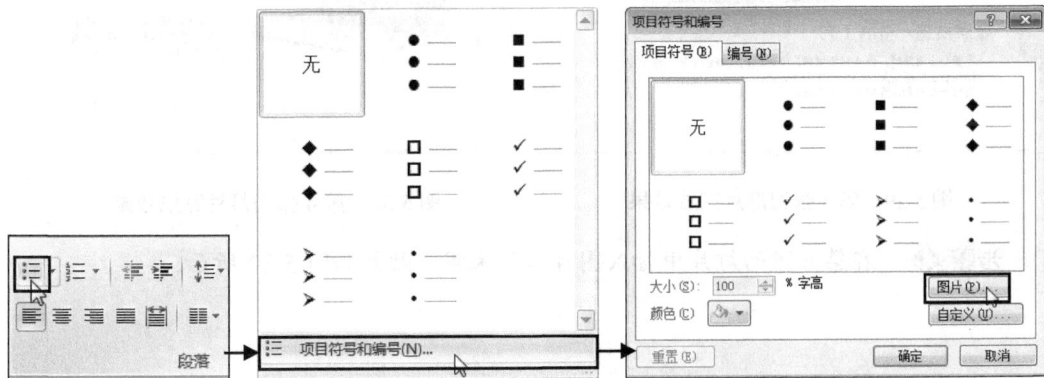

完美全金属质感，外壳精细喷砂，纳米级阳极着色工艺，永不褪色；
镁铝合金防滚支架，确保整体内外坚固；
整机一体成形，无接缝、无螺丝。

(b)

图 5-28　插入段落文本并为其添加外部项目符号

步骤 3▶　　参考制作第 3 张幻灯片的方法制作第 4 张幻灯片和第 5 张幻灯片，其中用到的图片素材均位于本书配套素材"项目五"文件夹中。制作好的幻灯片效果如图 5-30 和图 5-31 所示。

图 5-29　第 3 张幻灯片完成效果

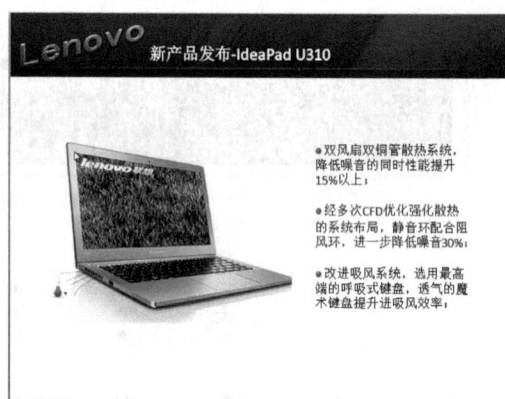

图 5-30　第 4 张幻灯片完成效果

步骤 4▶　　在第 6 张幻灯片中插入图片和艺术字，效果如图 5-32 所示。

图 5-31 第 5 张幻灯片完成效果

图 5-32 第 6 张幻灯片完成效果

四、设置动画效果

步骤 1▶ 切换到第 1 张幻灯片，然后单击"切换"选项卡"切换到此幻灯片"组中的"其他"按钮，在展开的列表中选择"华丽型"中的"门"选项，如图 5-33（a）所示。

步骤 2▶ 单击"计时"组中的"全部应用"按钮，为演示文稿中的所有幻灯片设置此切换效果，如图 5-33（b）所示。

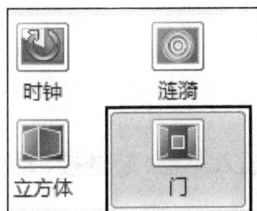

（a）

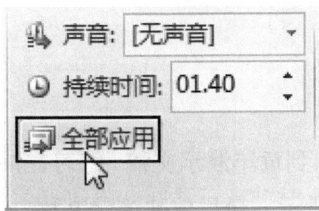

（b）

图 5-33 设置所有幻灯片的切换效果

步骤 3▶ 选中第 1 张幻灯片中的两个占位符，如图 5-34（a）所示。然后在"动画"选项卡的"进入"列表中选择"形状"选项，如图 5-34（b）所示。

（a）

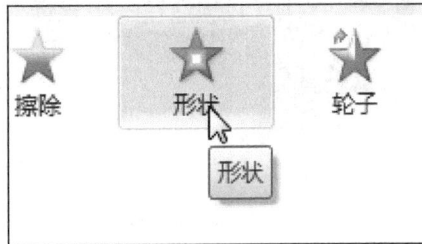

（b）

图 5-34 设置占位符的动画效果

步骤 4▶ 在"计时"组的"开始"下拉列表中选择"上一动画之后"选项，然后在"效果选项"下拉列表中选择"方框"选项，如图 5-35 所示。

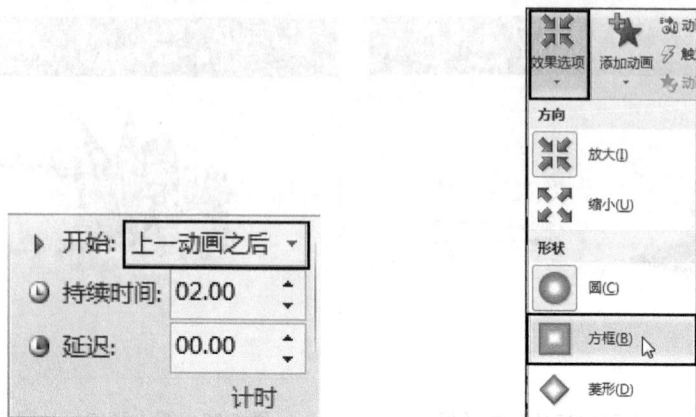

图 5-35　设置动画的开始播放方式和效果

步骤 5▶　　参照步骤 3 和步骤 4 的方法设置演示文稿其他幻灯片中对象的动画效果。最后再次保存演示文稿。

实验三　编辑回到童年演示文稿

实验描述

通过编辑回到童年演示文稿，练习在演示文稿中插入声音、超链接、动作按钮的操作，效果如图 5-36 所示。最后放映演示文稿。

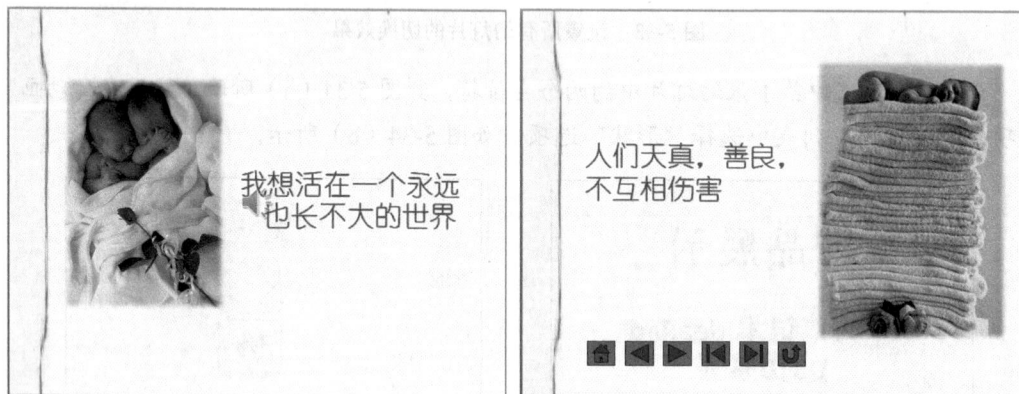

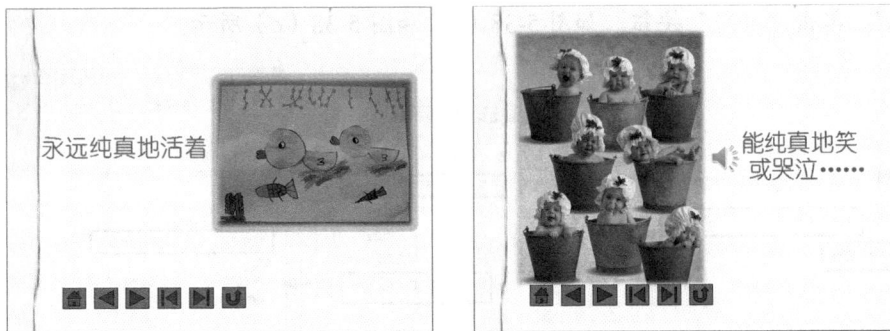

图 5-36 编辑完成的演示文稿

实验步骤

一、在幻灯片中插入音频

步骤 1▶ 打开本书配套素材"素材与实例"/"项目五"/"回到童年"演示文稿,切换到第 1 张幻灯片,单击"插入"选项卡"媒体"组中"音频"按钮下方的三角按钮,在展开的列表中选择"剪贴画音频"选项,如图 5-37(a)所示。

步骤 2▶ 打开"剪贴画"任务窗格,在音频列表中选择"柔和乐"音频,将其插入幻灯片中,如图 5-37(b)和图 5-37(c)所示。

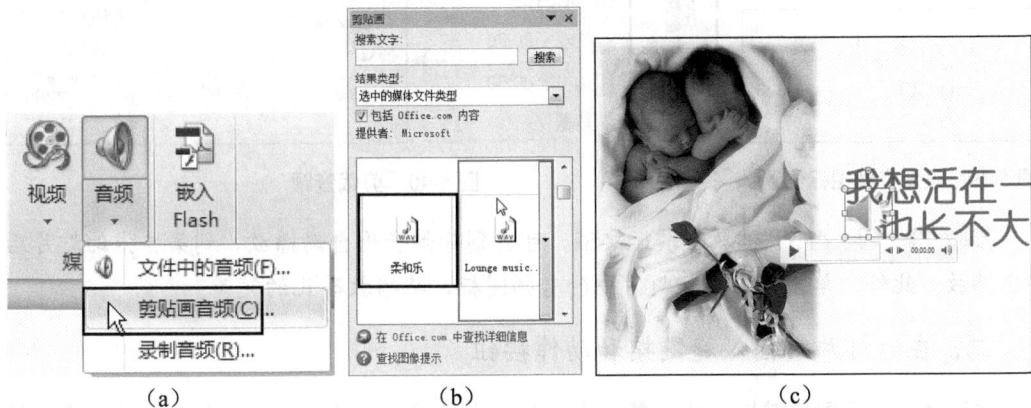

图 5-37 插入剪贴画中的音频

步骤 3▶ 保持音频图标的选中状态,切换到"音频工具 播放"选项卡,在"音频选项"组中设置声音的音量为"中","开始"方式为"跨幻灯片播放",并选中"放映时隐藏"和"循环播放,直到停止"复选框,如图 5-38(a)所示。

步骤 4▶ 单击"动画"选项卡"高级动画"组中的"动画窗格"按钮,打开动画窗格,然后单击音频动画选项,再单击右侧的下拉按钮,在弹出的下拉列表中选择"效果选项"选项,从弹出的对话框的"停止播放"设置区选择"在……张幻灯片后"单选钮,并

输入 "5"，单击 "确定" 按钮，如图 5-38（b）和图 5-38（c）所示。

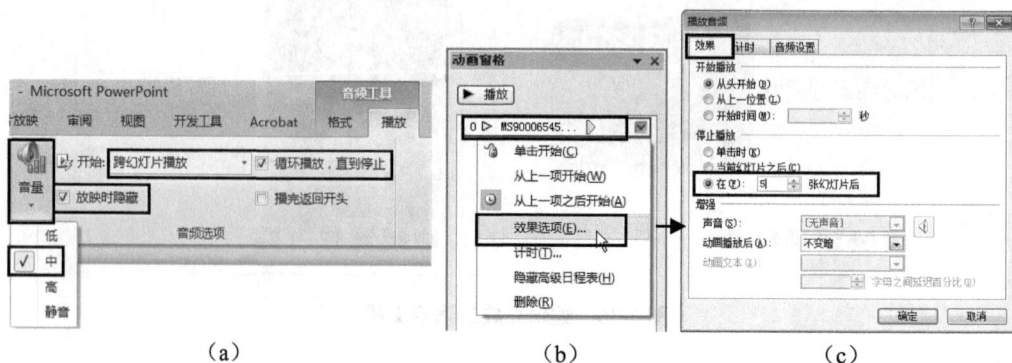

（a）　　　　　　　　　　（b）　　　　　　　　　　（c）

图 5-38　设置声音

步骤 5▶　切换到第 5 张幻灯片，在图 5-37（a）所示的下拉列表中选择 "文件中的音频" 选项，插入本书配套素材 "项目五" 文件夹中的 "婴儿笑声.mp3" 音频；适当移动音频图标的位置（见图 5-39），然后利用 "音频工具　播放" 选项卡的 "音频选项" 组设置该音频的 "开始" 方式为 "单击时"，以及不选择 "放映时隐藏" 复选框。

步骤 6▶　单击 "剪裁音频" 按钮，在打开的对话框中向右拖动左侧的滑块，裁掉该音频的开头部分，单击 "播放" 按钮预览声音，满意后单击 "确定" 按钮，如图 5-40 所示。

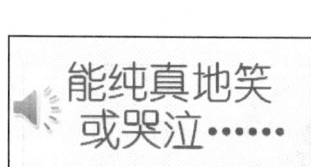

图 5-39　设置音频图标位置

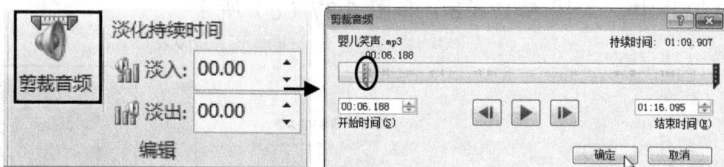

图 5-40　剪裁音频

步骤 7▶　按 "F5" 键放映演示文稿，可听到背景音乐自动播放，到第 5 张幻灯片后停止播放。此外，单击第 5 张幻灯片中的音频图标，将播放婴儿的笑声。

二、在幻灯片中插入超链接和动作按钮

步骤 1▶　**设置超链接。**选中第 1 张幻灯片中的图片，然后单击 "插入" 选项卡 "链接" 组中的 "超链接" 按钮（见图 5-41），打开 "插入超链接" 对话框。

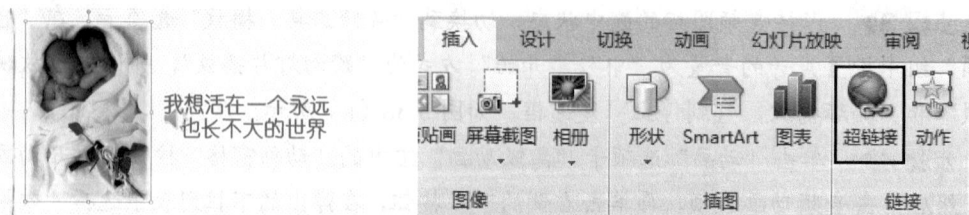

图 5-41　选中要设置超链接的图片并单击 "超链接" 按钮

步骤 2▶ 在"链接到"列表中选择"现有文件或网页"选项，然后在"地址"编辑框中输入链接网址"http://www.tongnian.com"，如图 5-42（a）所示；再单击"屏幕提示"按钮，从弹出的对话框中输入"童年网"，单击"确定"按钮，如图 5-42（b）所示。最后在"插入超链接"对话框中单击"确定"按钮，完成超链接设置。

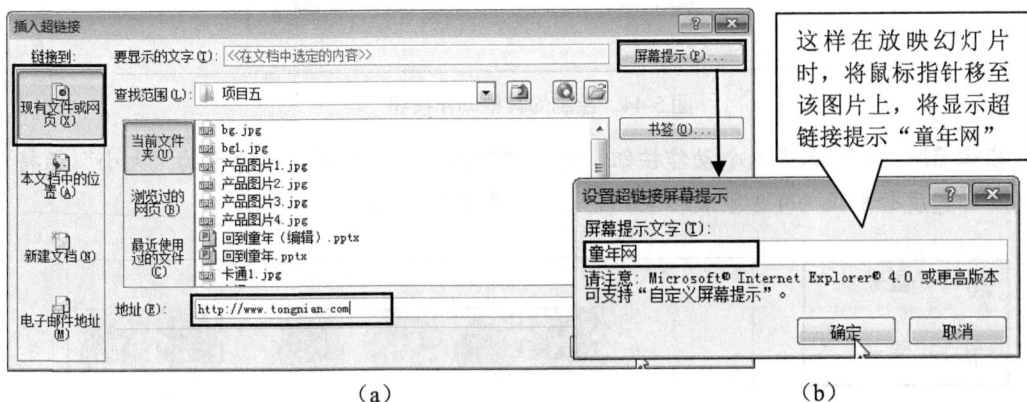

（a）　　　　　　　　　　　　　　　　（b）

图 5-42　输入网址及设置屏幕提示

步骤 3▶ 创建动作按钮。切换到第 2 张幻灯片，单击"插入"选项卡"插图"组中的"形状"按钮，从展开的列表中选择"动作按钮：第一张"选项，如图 5-43（a）所示。

步骤 4▶ 将鼠标指针移到幻灯片下方的左侧位置，然后按住鼠标左键并拖动绘制所选按钮，释放鼠标左键后，弹出"动作设置"对话框，保持默认设置，单击"确定"按钮，如图 5-43（b）所示。

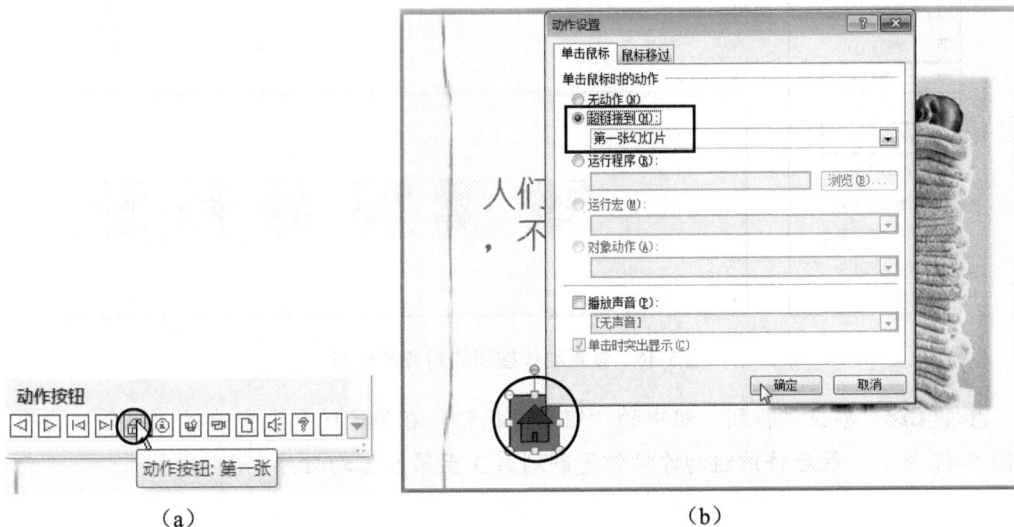

（a）　　　　　　　　　　　　　　　　（b）

图 5-43　绘制动作按钮并设置链接目标

步骤 5▶ 用同样的方法在该幻灯片中绘制 5 个动作按钮，依次为"动作按钮：后退

或前一项""动作按钮: 前进或下一项""动作按钮: 开始""动作按钮: 结束""动作按钮:
上一张",效果如图 5-44 所示。

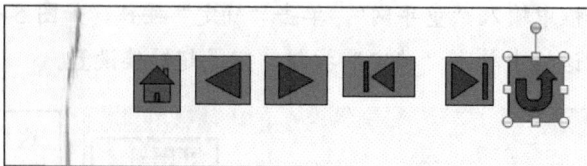

图 5-44 绘制的其他动作按钮

步骤 6▶ 同时选中 6 个动作按钮,利用"绘图工具 格式"选项卡的"大小"组将
其高度和宽度分别设为 1.2 厘米和 1.4 厘米,如图 5-45 所示。

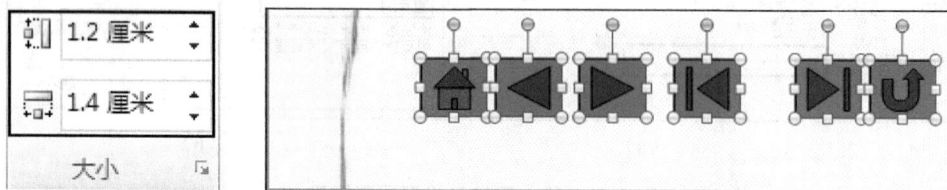

图 5-45 设置动作按钮的大小

步骤 7▶ 保持动作按钮的选中状态,单击"排列"组中的"对齐"按钮,在展开的
列表中分别选择"上下居中"和"横向分布"选项,如图 5-46 所示。

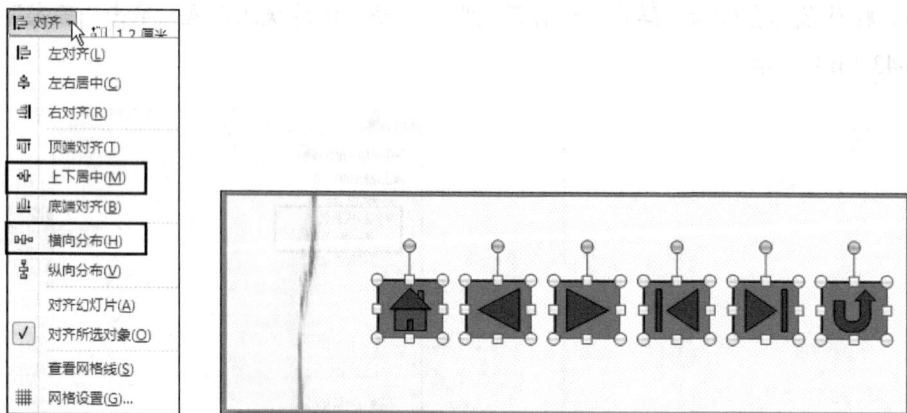

图 5-46 设置动作按钮的对齐和分布

步骤 8▶ 单击"排列"组中的"组合"按钮,在展开的列表中选择"组合"选项,
如图 5-47 所示。最后将该组动作按钮复制到第 3 至第 5 张幻灯片中。

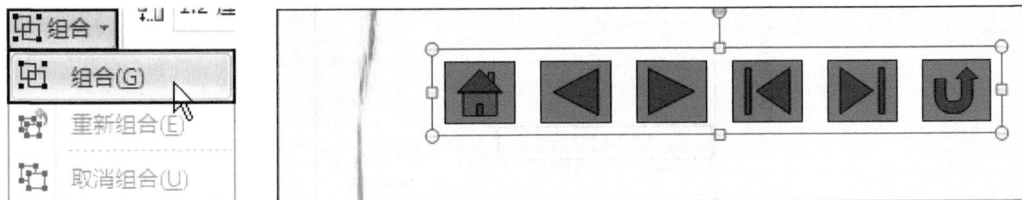

图 5-47 组合所绘制的动作按钮

三、放映演示文稿

步骤 1▶ 单击"幻灯片放映"选项卡"开始放映幻灯片"组中的"从头开始"按钮（见图 5-48）或按"F5"键，可从第 1 张幻灯片开始放映演示文稿。

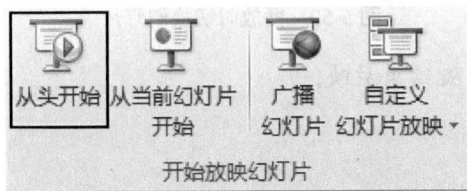

图 5-48 单击"从头开始"按钮

步骤 2▶ 单击第 1 张幻灯片中的图片超链接，将打开其指向的网页，如图 5-49 所示。

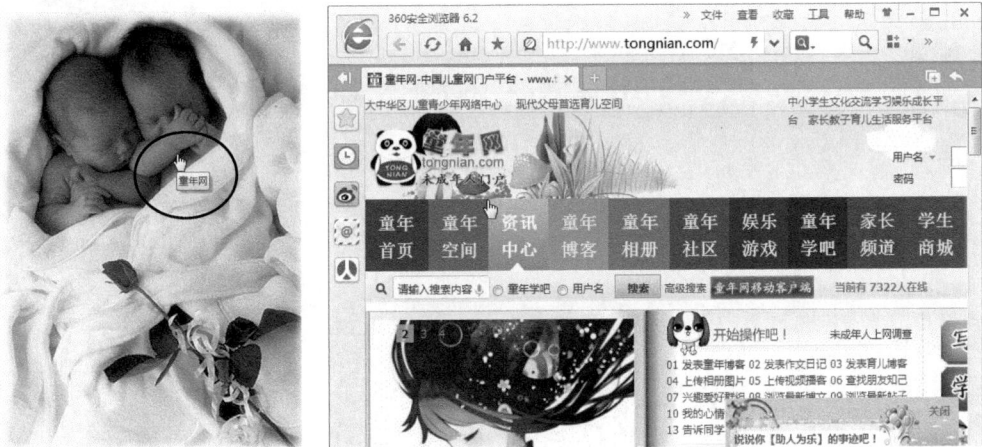

图 5-49 打开超链接指向的网页

步骤 3▶ 如果需要在放映过程中切换到某张幻灯片，可右击放映画面，在弹出的快捷菜单中选择"定位至幻灯片"选项下的子选项，如图 5-50 所示。

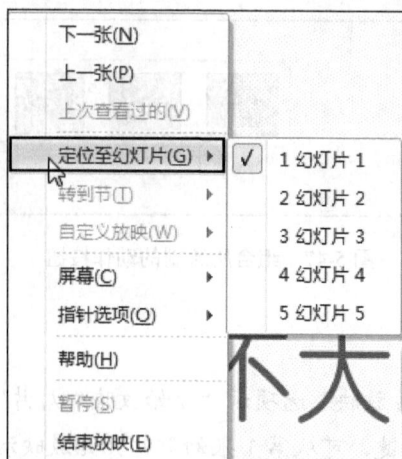

下一张(N)	
上一张(P)	
上次查看过的(V)	
定位至幻灯片(G) ▶	√ 1 幻灯片 1
转到节(T) ▶	2 幻灯片 2
自定义放映(W) ▶	3 幻灯片 3
屏幕(C) ▶	4 幻灯片 4
指针选项(O) ▶	5 幻灯片 5
帮助(H)	
暂停(S)	
结束放映(E)	

图 5-50　播放时切换幻灯片

步骤 4▶ 按 "Esc" 键结束放映。

项目六 局域网和 Internet 应用

实验一 配置网络及使用局域网资源

实验描述

下面我们先将自己的计算机名称设置为自己名字的拼音，然后将其加入局域网中的工作组，再设置自己的网络位置为"工作网络"，最后将"学习资料"文件夹设置为共享。

实验步骤

一、设置计算机名称和工作组

步骤 1▶ 右击桌面上的"计算机"图标，在弹出的快捷菜单中选择"属性"选项，在打开的"系统"窗口中选择"更改设置"选项，如图 6-1 所示。

步骤 2▶ 打开"系统属性"对话框，单击"更改"按钮，如图 6-2 所示。

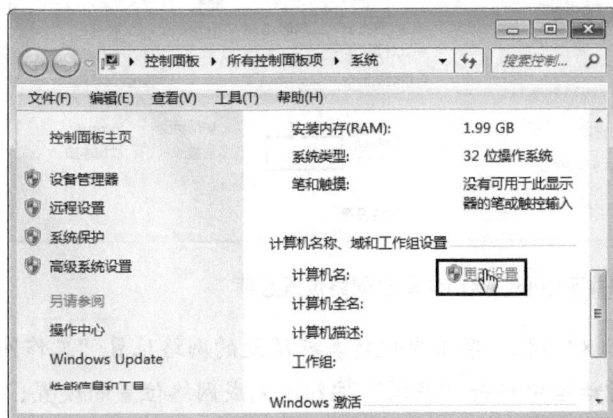

图 6-1 "系统"窗口

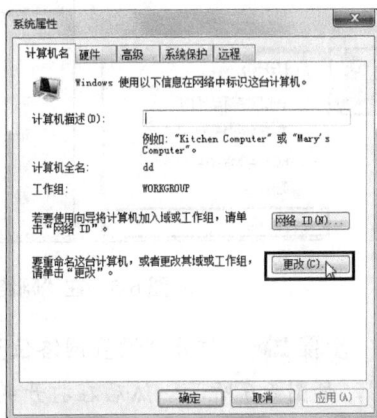

图 6-2 单击"更改"按钮

步骤 3▶ 打开"计算机名/域更改"对话框，在"计算机名"编辑框中输入计算机名称；在"工作组"编辑框中输入工作组名称，然后单击"确定"按钮，如图 6-3 所示。

步骤 4▶ 在弹出的如图 6-4 所示的对话框中单击"确定"按钮，然后根据打开的提示对话框进行相应操作，使设置生效。

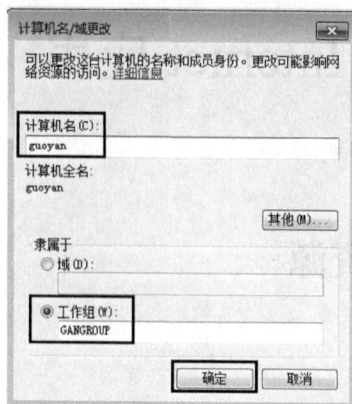

图 6-3 设置计算机名和工作组

图 6-4 单击"确定"按钮

二、设置网络位置

步骤 1▶ 右击桌面上的"网络"图标，在弹出的快捷菜单中选择"属性"选项，打开"网络和共享中心"窗口，在该窗口中单击网络名下方的网络位置选项，如图 6-5 所示。

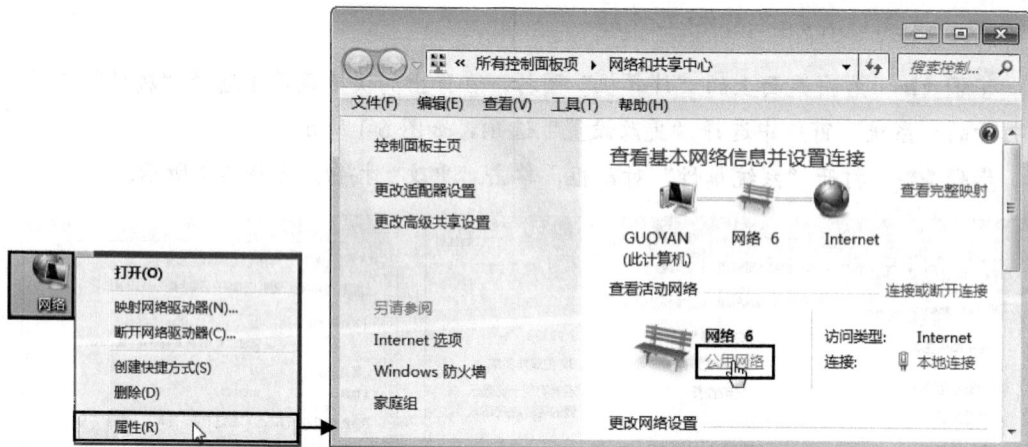

图 6-5 在"网络和共享中心"窗口中单击网络位置选项

步骤 2▶ 打开"设置网络位置"对话框，单击要使计算机所处的网络位置"工作网络"，如图 6-6 所示；然后在打开的对话框中单击"关闭"按钮，完成网络位置的设置。

三、设置并访问共享资源

步骤 1▶ 创建"学习资料"文件夹，然后右击该文件夹，在弹出的快捷菜单中选择"共享"/"特定用户"选项，打开"文件共享"窗口。

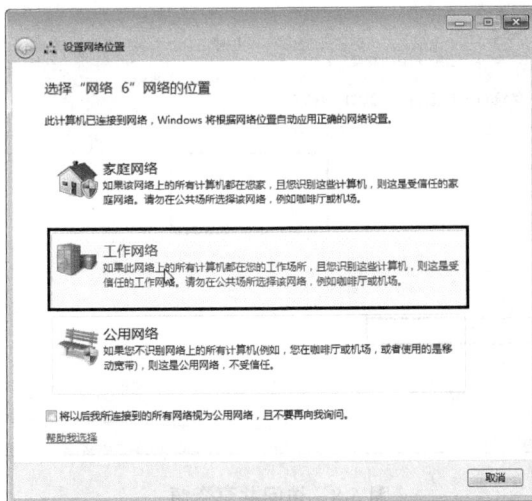

图 6-6 设置网络位置为"工作网络"

步骤 2▶ 单击"选择要与其共享的用户"编辑框右侧的三角按钮,在展开的列表中选择"Everyone"选项,如图 6-7(a)所示。然后单击"添加"按钮,将所选用户添加到下方的可访问列表中。

步骤 3▶ 单击所添加用户"权限级别"右侧的三角按钮,在弹出的下拉列表中选择该用户的权限级别,本例保持默认的"读取"级别,如图 6-7(b)所示;然后单击"共享"按钮。稍等片刻,打开完成文件夹共享对话框,单击"完成"按钮。此时,其他用户就可通过局域网来访问该文件夹了。

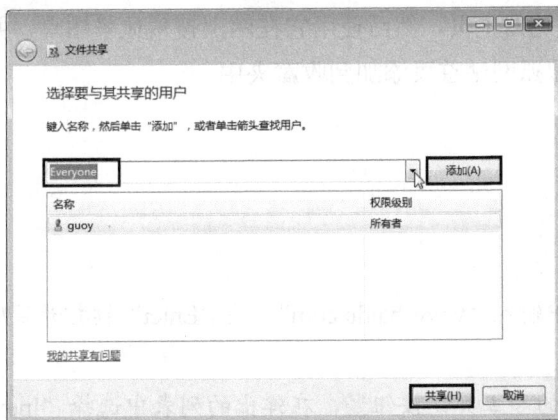
         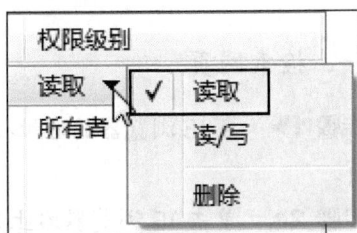

(a)   (b)

图 6-7 设置共享文件夹

步骤 4▶ 在桌面上双击"网络"图标,打开"网络"窗口,单击导航窗格"网络"左侧的三角符号▷将其展开,可看到局域网中所有计算机的名称,单击要访问的计算机名称,本例单击"GUOYAN",可在右侧的窗格中看到该计算机共享的文件夹,如图 6-8 所示。

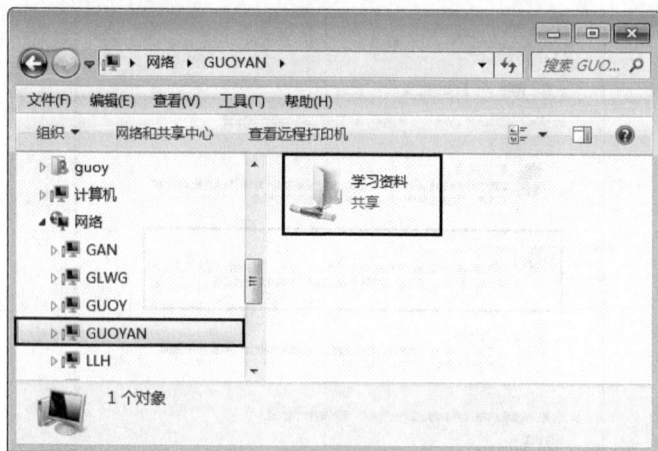

图 6-8　访问共享资源

步骤 5　双击打开"学习资料"共享文件夹，然后可对其中的文件进行打开、复制等操作。

实验二　检索和收藏网页

实验描述

下面将百度网站首页设置为 IE 浏览器主页，然后使用它在网上搜索风景图片，并将喜欢的图片保存到计算机中，最后将搜狐网站首页添加到收藏夹中。

实验步骤

一、检索网页

步骤 1▶　在 IE 浏览器的地址栏中输入"www.baidu.com"，按"Enter"键打开百度网站首页。

步骤 2▶　单击 IE 浏览器右上角的"工具"按钮，在弹出的列表中选择"Internet 选项"选项，打开"Internet 选项"对话框，在"常规"选项卡中单击"使用当前页"按钮，然后单击"确定"按钮，如图 6-9 所示。

步骤 3▶　在百度网站首页单击"图片"超链接，然后在打开的页面中的搜索框内输入"风景"文本，单击"百度一下"按钮，如图 6-10（a）所示。在打开的页面中找到喜欢的图片并单击，如图 6-10（b）所示。

图 6-9　设置主页

（a）

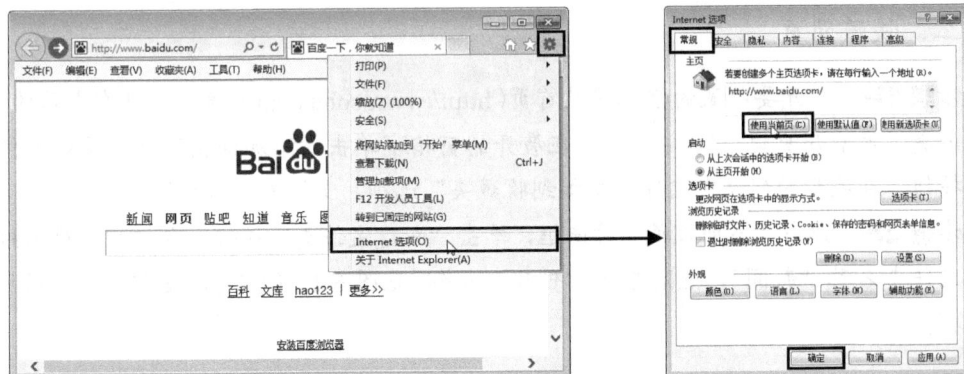

（b）

图 6-10　输入关键词搜索图片并单击

步骤 4▶　在打开的页面中右击图片，在弹出的快捷菜单中选择"图片另存为"选项（见图 6-11），打开"保存图片"对话框，设置好图片的保存位置及名称，然后单击"保存"按钮，即可将该图片保存。

图 6-11　选择"图片另存为"选项

二、收藏网页

步骤1▶ 打开要收藏的搜狐网站首页（http://www.sohu.com），单击窗口右上角的"查看收藏夹、源和历史记录"按钮⭐，在展开的窗格中单击"添加到收藏夹"按钮右侧的三角按钮，在展开的列表中选择"添加到收藏夹"选项，如图6-12（a）所示。

步骤2▶ 弹出"添加收藏"对话框，单击"新建文件夹"按钮，在打开的对话框中输入文件夹名称"新闻"，然后单击"创建"按钮［见图6-12（b）］，返回"添加收藏"对话框。

（a）

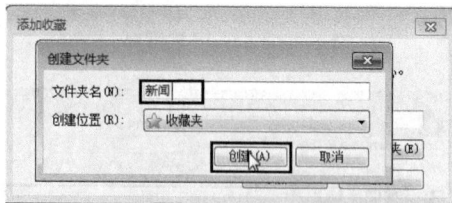

（b）

图6-12 添加收藏

步骤3▶ 单击"添加"按钮，即可将网页收藏到指定的文件夹中。

实验三 申请邮箱并收发电子邮件

实验描述

下面，我们首先在搜狐网站申请一个用户名包含自己姓名拼音的免费电子邮箱，然后使用它收发电子邮件。

实验步骤

一、申请并登录电子邮箱

步骤1▶ 在搜狐网站首页（www.sohu.com）的顶部单击"注册"超链接，根据提示进行操作，注册一个搜狐账号（用户名包含自己姓名的拼音），如图6-13所示。信息输入完毕，单击"立即加入"按钮，即可注册邮箱。

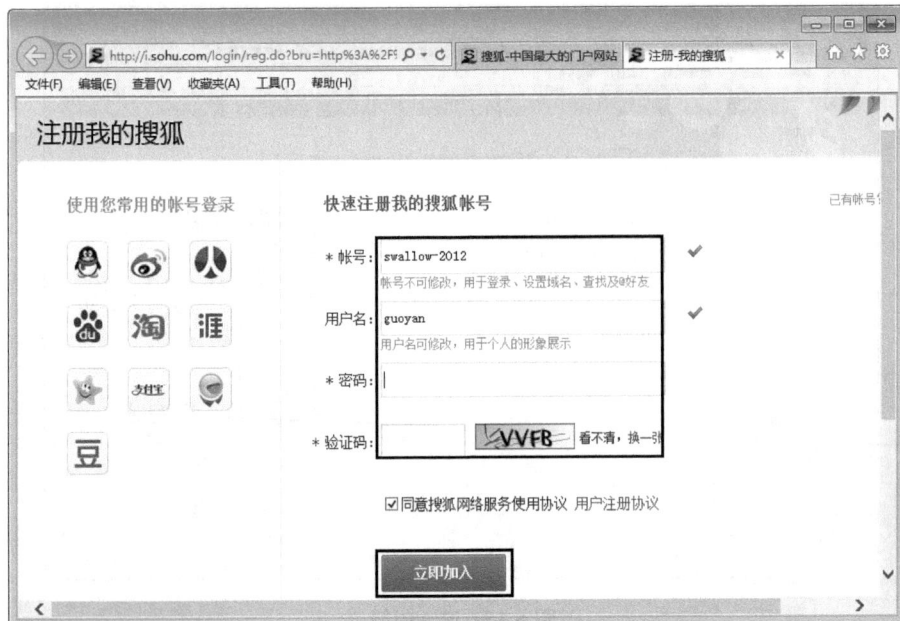

图 6-13 输入相关信息

步骤 2▶ 注册邮箱后在搜狐网站首页单击"邮件"超链接，进入激活邮箱页面，根据提示输入验证码，然后单击"我要激活邮箱"按钮，即可激活邮箱，如图 6-14 所示。

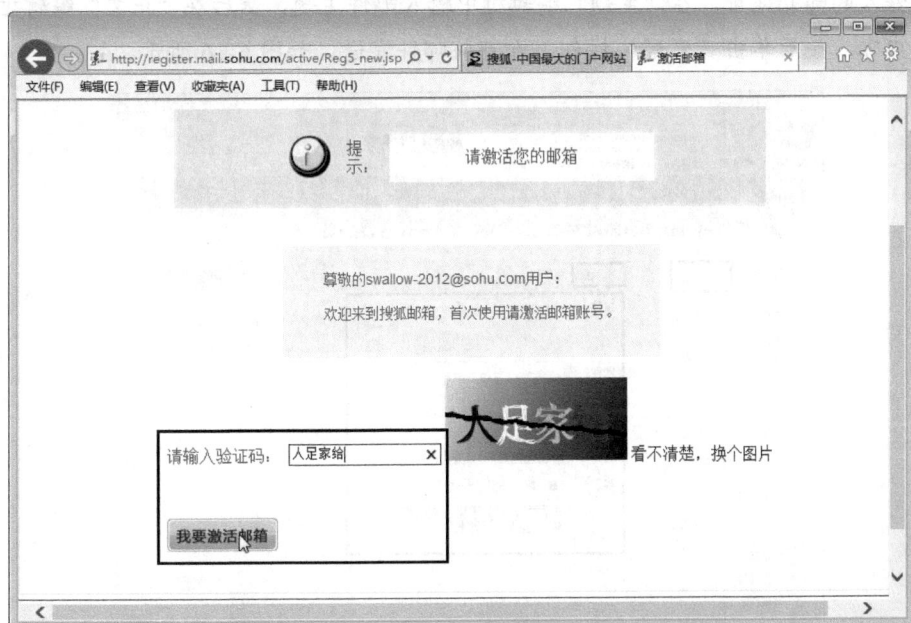

图 6-14 激活邮箱

步骤 3▶ 在搜狐网站首页使用申请的账号登录，然后单击导航栏中的"邮件"超链接，即可进入邮箱，如图 6-15 所示。

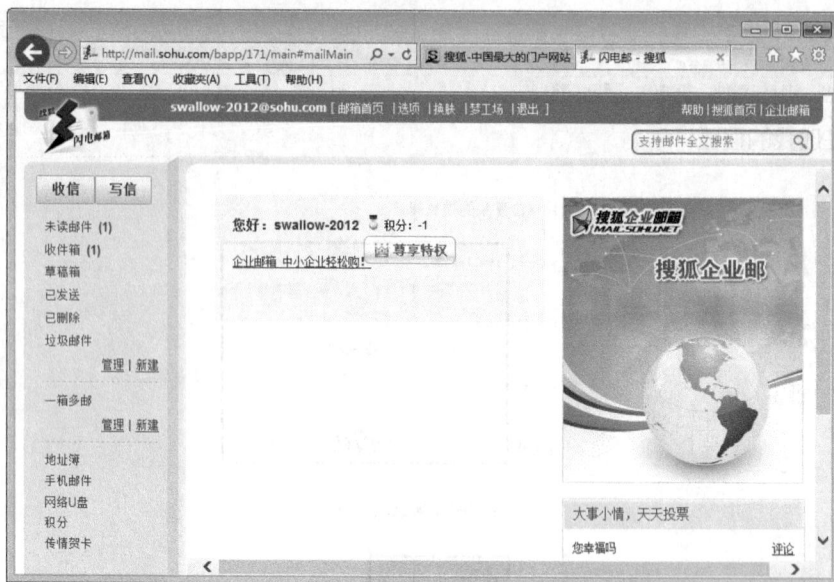

图 6-15　进入邮箱

二、发送、阅读和管理电子邮件

步骤 1▶　在邮箱页面单击"写信"按钮，打开写邮件页面，在"收件人"编辑框中输入收件人的邮箱地址，在"主题"编辑框中输入邮件主题，然后在"正文"编辑框中输入邮件内容，最后单击"发送"按钮，即可将邮件发送，如图 6-16 所示。

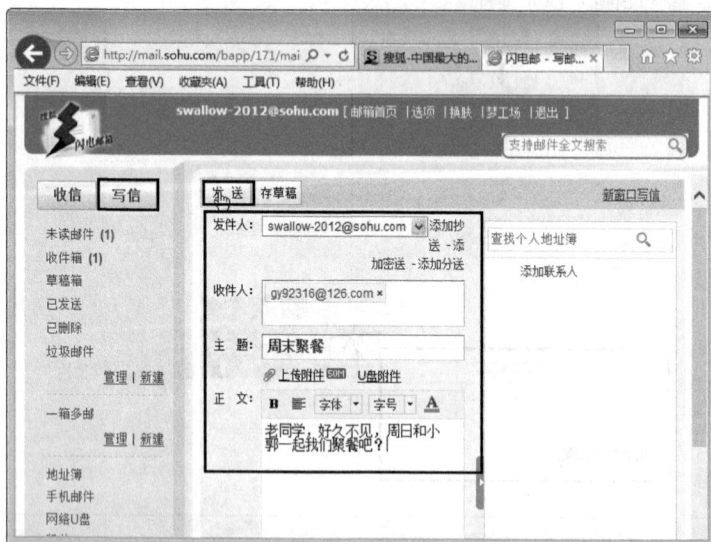

图 6-16　写邮件

步骤 2▶　在邮箱页面选择"收件箱"文件夹，然后在页面右侧单击要阅读的邮件，即可打开该邮件并阅读，如图 6-17 所示。

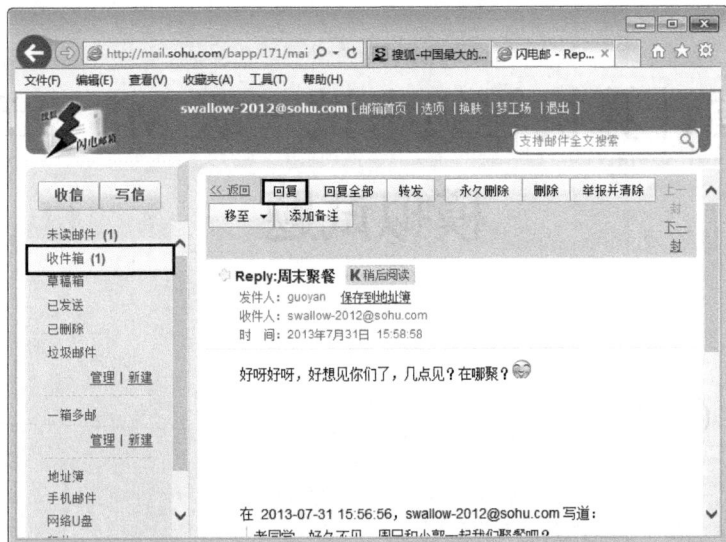

图 6-17 阅读邮件

步骤 3▶ 要回复该邮件，可直接在如图 6-17 所示的界面中单击"回复"按钮，然后在"正文"编辑框中输入回复内容，再单击"发送"按钮，如图 6-18 所示。

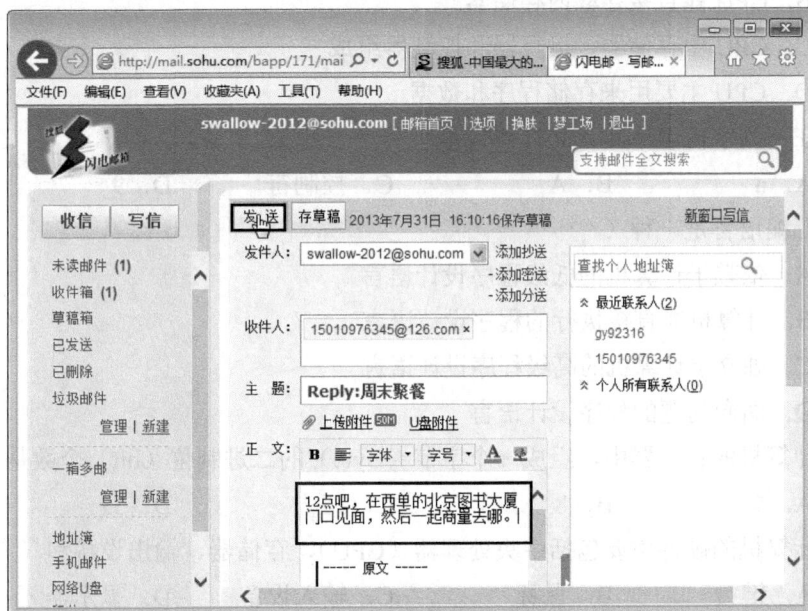

图 6-18 回复邮件

步骤 4▶ 对于收到的邮件，若希望将其从"收件箱"文件夹中删除，可在选中该邮件后单击"删除"按钮，将其移至"已删除"文件夹中；若选中邮件后单击"永久删除"按钮，可彻底删除该邮件。

全国计算机等级考试一级 MS Office 模拟试题

模拟试题（一）

一、选择题

(1) 下列叙述中，正确的是（　　）。

　　A．CPU 能直接读取硬盘上的数据

　　B．CPU 能直接存取内存储器

　　C．CPU 由存储器、运算器和控制器组成

　　D．CPU 主要用来存储程序和数据

(2) 在下列字符中，其 ASCII 码值最小的一个是（　　）。

　　A．a　　　　　　B．A　　　　　　C．控制符　　　　D．9

(3) 汇编语言是一种（　　）。

　　A．依赖于计算机的低级程序设计语言

　　B．计算机能直接执行的程序设计语言

　　C．独立于计算机的高级程序设计语言

　　D．面向问题的程序设计语言

(4) 计算机的存储器中，组成一个字节（Byte）的二进制位（bit）个数是（　　）。

　　A．4　　　　　　B．8　　　　　　C．16　　　　　　D．32

(5) 计算机的硬件主要包括中央处理器（CPU）、存储器、输出设备和（　　）。

　　A．键盘　　　　B．鼠标　　　　C．输入设备　　　D．显示器

(6) 根据汉字国标码（GB/T 2312—1980）的规定，二级常用汉字的个数是（　　）。

　　A．3000 个　　　B．7445 个　　　C．3008 个　　　D．3755 个

(7) 在一个非零无符号二进制整数之后添加一个 0，则此数的值为原数的（　　）。

　　A．4 倍　　　　B．2 倍　　　　C．1/2　　　　　D．1/4

（8）以下表示随机存储器的是（　　）。

　　A．RAM　　　　B．ROM　　　　C．FLOPPY　　　　D．CDROM

（9）下列关于 ASCII 码的叙述中，正确的是（　　）。

　　A．一个字符的标准 ASCII 码占一个字节，其最高二进制位总为 1

　　B．所有大写英文字母的 ASCII 码值都小于小写英文字母 a 的 ASCII 码值

　　C．所有大写英文字母的 ASCII 码值都大于小写英文字母 a 的 ASCII 码值

　　D．标准 ASCII 码表有 256 个不同的字符编码

（10）在 CD 光盘上标记有 "CD-RW" 字样，此标记表明该光盘是（　　）。

　　A．只能写入一次，可以反复读出的一次性写入光盘

　　B．可多次擦除型光盘

　　C．只能读出，不能写入的只读光盘

　　D．其驱动器单倍速为 1350 KB/s 的高密度可读写光盘

（11）微机的主机指的是（　　）。

　　A．CPU、内存和硬盘　　　　　　B．CPU、内存、显示器和键盘

　　C．CPU 和内存储器　　　　　　　D．CPU、内存、硬盘、显示器和键盘

（12）计算机感染病毒的可能途径之一是（　　）。

　　A．从键盘上输入数据

　　B．随意运行外来的、未经杀毒软件严格审查的 U 盘上的软件

　　C．所使用的光盘表面不清洁

　　D．电源不稳定

（13）若要将计算机与局域网连接，则至少需要具有的硬件是（　　）。

　　A．集线器　　　　B．网关　　　　C．网卡　　　　D．路由器

（14）英文缩写 CAM 的中文意思是（　　）。

　　A．计算机辅助设计　　　　　　　B．计算机辅助制造

　　C．计算机辅助教学　　　　　　　D．计算机辅助管理

（15）用来控制、指挥和协调计算机各部件工作的是（　　）。

　　A．运算器　　　　B．鼠标器　　　　C．控制器　　　　D．存储器

（16）一个字符的标准 ASCII 码码长是（　　）。

　　A．8 bit　　　　B．7 bit　　　　C．16 bit　　　　D．6 bit

（17）汉字输入码可分为有重码和无重码两类，下列属于无重码的是（　　）。

　　A．全拼码　　　　B．自然码　　　　C．区位码　　　　D．简拼码

（18）计算机软件系统包括（　　）。

　　A．程序、数据和相应的文档

　　B．系统软件和应用软件

  C．数据库管理系统和数据库

  D．编译系统和办公软件

（19）电子计算机最早的应用领域是（ ）。

  A．数据处理 B．数值计算 C．工业控制 D．文字处理

（20）二进制数 101110 转换成等值的十六进制数是（ ）。

  A．2C   B．2D   C．2E   D．2F

二、基本操作题

（1）将考生文件夹下的 BROWN 文件夹设置为隐藏。

（2）将考生文件夹下的 BRUST 文件夹移动到考生文件夹下的 TURN 文件夹中，并改名为 FENG。

（3）将考生文件夹下 FTP 文件夹中的文件 BEER.docx 复制到同一文件夹下，并命名为 BEER2.docx。

（4）将考生文件夹下 DSK 文件夹中的文件 BRAND.BPF 删除。

（5）在考生文件夹下的 LUY 文件夹中建立一个名为 BRAIN 的文件夹。

三、字处理题

（1）打开考生文件夹下的文档 WORD1.docx，按照要求完成下列操作并保存。

【文档开始】

首届中国网罗媒体论坛在青岛开幕

6 月 22 日，首届中国网罗媒体论坛在青岛隆重开幕。来自全国近 150 家网罗媒体的代表聚会青岛，纵论中国网罗事业发展大计。本次论坛是中国网罗媒体首次举行的高层次、大规模的专业论坛，是近年来中国网罗媒体规模最大的一次盛会。

中国网罗媒体论坛是在"全国新闻媒体网罗传播研讨会"上，由中华全国新闻工作者协会发出建议，全国数十家新闻媒体网站共同发起设立的，宗旨是推进中国网罗媒体的建设和发展。

论坛的主题是网罗与媒体，大家将按照中宣部和国务院新闻办对网罗新闻宣传的要求，总结经验、沟通理论与实践等方面的心得，进一步提高网罗新闻宣传工作的水平，进一步加强网罗媒体的管理与自律。

与会嘉宾将研讨中国网罗媒体在已有的初步框架的基础上如何进一步发展，如何为建设有中国特色的社会主义网罗新闻宣传体系打下一个坚实的基础。在本次论坛上，还将探讨网罗好新闻的评选办法等。

【文档结束】

① 将文中所有错词"网罗"替换为"网络"；将标题段文字（"首届中国网络媒体论坛在青岛开幕"）设置为三号、黑体、红色、加粗、居中并添加波浪下划线。

② 将正文各段文字（"6 月 22 日……评选办法等。"）设置为 12 磅、宋体；第一段首字下沉，下沉行数为 2，距正文 0.2 厘米；除第一段外，其余各段落左、右各缩进 1.5 字符，首行缩进 2 字符，段前间距为 1 行。

③ 将正文第三段（"论坛的主题是……管理和自律。"）分为等宽两栏，其栏宽为 17 字符。

（2）打开考生文件夹下的文档 WORD2.docx，按照要求完成下列操作并保存。

【文档开始】

	一季度	二季度	三季度	四季度
海淀区连锁店	2024	2239	2569	3890
西城区连锁店	1589	3089	4120	4500
东城区连锁店	1120	2498	3001	3450
朝阳区连锁店	890	1109	2056	3002

【文档结束】

① 在表格顶端添加表标题"利民连锁店集团销售统计表"，并设置为小二号、楷体、加粗、居中。

② 在表格底部插入一行，在该行第一列的单元格中输入行标题"小计"，其余各单元格中填入本列各单元格中数据的总和。

四、电子表格题

（1）打开工作簿文件 EXCEL.xlsx，将工作表 Sheet1 的 A1:D1 单元格区域合并为一个单元格，内容水平居中；计算"增长比例"列的内容，增长比例=（当年人数−去年人数）/去年人数；将工作表重命名为"招生人数情况表"。

	A	B	C	D
1	某大学各专业招生人数情况表			
2	专业名称	去年人数	当年人数	增长比例
3	计算机	289	436	
4	信息工程	240	312	
5	自动控制	150	278	
6				

（2）选取"招生人数情况表"的"专业名称"列和"增长比例"列的单元格内容，建立"簇状圆锥图"，X轴上的项为"专业名称"，图表标题为"招生人数情况图"，图表位于A7:F18单元格区域内。

五、演示文稿题

打开考生文件夹下的演示文稿yswg.pptx，按照下列要求完成对此文稿的修饰并保存。

（1）使用演示文稿"设计"选项卡中的"活力"主题来修饰全文；全部幻灯片的切换效果设置成"平移"。

（2）在幻灯片文本处输入"踢球去！"文字，设置成黑体、倾斜、48磅。剪贴画的动画效果设置为"飞入""自左侧"，文本的动画效果设置为"飞入""自右下部"。动画顺序为先剪贴画后文本。在演示文稿的开始插入一张"仅标题"幻灯片，作为文稿的第一张幻灯片，主标题是"人人都来锻炼"，设置为72磅。

六、上网题

接收并阅读 xuexq@mail.neea.edu.cn 发来的 E-Mail，并将随信发来的附件以文件名dqsi.txt保存到考生文件夹下。

模拟试题（二）

一、选择题

（1）第二代电子计算机所采用的电子元件是（　　）。

    A．继电器　　　B．晶体管　　　　C．电子管　　　　D．集成电路

（2）在微机的硬件设备中，有一种设备既可以当作输出设备，又可以当作输入设备，这种设备是（　　）。

    A．绘图仪　　　　　　　　　B．扫描仪

    C．触摸屏　　　　　　　　　D．磁盘驱动器

（3）ROM 中的信息是（　　）。

    A．由生产厂家预先写入的

    B．在安装系统时写入的

    C．根据用户需求不同，由用户随时写入的

    D．由程序临时存入的

（4）十进制数 101 转换成二进制数等于（　　）。

    A．1101011　　　　　　　　B．1100101

    C．1000101　　　　　　　　D．1110001

（5）计算机网络的目标是实现（　　）。

    A．数据处理　　　　　　　　B．文献检索

    C．资源共享和信息传输　　　D．信息传输

（6）显示器的主要技术指标之一是（　　）。

    A．分辨率　　　B．亮度　　　　C．彩色　　　　D．对比度

（7）计算机操作系统的主要功能是（　　）。

    A．对计算机的所有资源进行控制和管理，为用户使用计算机提供方便

    B．对源程序进行翻译

    C．对用户数据文件进行管理

    D．对汇编语言程序进行翻译

（8）汉字国标码（GB/T 2312—1980）把汉字分成两个等级。其中一级常用汉字的排列顺序依据是（　　）。

    A．汉语拼音字母顺序　　　　B．偏旁部首

    C．笔画多少　　　　　　　　D．以上都不对

（9）下列关于磁道的说法中，正确的是（　　　）。

    A．盘面上的磁道是一组同心圆

    B．由于每一磁道的周长不同，所以每一磁道的存储容量也不同

    C．盘面上的磁道是一条阿基米德螺线

    D．磁道的编号是最内圈为 0，由内向外逐渐增大，最外圈的编号最大

（10）CPU 的主要性能指标有（　　　）。

    A．字长、运算速度和时钟主频　　　　B．可靠性和精度

    C．耗电量和效率　　　　　　　　　　D．冷却效率

（11）UPS 的中文译名是（　　　）。

    A．稳压电源　　　　　　　　　　　　B．不间断电源

    C．高能电源　　　　　　　　　　　　D．调压电源

（12）下列编码中，属于正确的汉字内码的是（　　　）。

    A．5EF6H　　　　B．FB67H　　　　C．A3B3H　　　　D．C97DH

（13）5 位二进制无符号数能表示的最大十进制整数是（　　　）。

    A．64　　　　　　B．63　　　　　　C．32　　　　　　D．31

（14）在计算机中，信息的最小单位是（　　　）。

    A．bit　　　　　　B．Byte　　　　　C．Word　　　　　D．Double Word

（15）下列各项指标中，属于数据通信系统的主要技术指标的是（　　　）。

    A．误码率　　　　B．重码率　　　　C．分辨率　　　　D．频率

（16）下列叙述中，正确的是（　　　）。

    A．内存中存放的是当前正在执行的程序和所需的数据

    B．内存中存放的是当前暂时不用的程序和数据

    C．外存中存放的是当前正在执行的程序和所需的数据

    D．内存中只能存放命令

（17）下列关于用户 XUEJY 的电子邮件地址中，正确的是（　　　）。

    A．XUEJY@bj163.com　　　　　　　B．XUEJYbj163.com

    C．XUEJY#bj163.com　　　　　　　D．XUEJY>bj163.com

（18）下列叙述中，正确的是（　　　）。

    A．所有计算机病毒只在可执行文件中传染

    B．计算机病毒可通过读写移动存储器或 Internet 网络进行传播

    C．只要把带病毒的 U 盘设置成只读状态，那么此盘上的病毒就不会因读盘而传染给另一台计算机

    D．计算机病毒是由于光盘表面不清洁而造成的

（19）汉字的机内码与国标码之间的差别是（   ）。

    A．前者各字节的最高位二进制值均为 1，而后者为 0

    B．前者各字节的最高位二进制值均为 0，而后者为 1

    C．前者各字节的最高位二进制值分别为 1，0，而后者为 0，1

    D．前者各字节的最高位二进制值分别为 0，1，而后者为 1，0

（20）打印任务较重时，通常应选用（   ）。

    A．针式打印机   B．热敏打印机

    C．喷墨打印机   D．激光打印机

二、基本操作题

（1）将考生文件夹下 INTERDEV 文件夹中的文件 JIMING.MAP 删除。

（2）在考生文件夹下的 IOSEF 文件夹中建立一个名为 MYROG 的新文件夹。

（3）将考生文件夹下 WARM 文件夹中的文件 ZOOM.PRG 复制到考生文件夹下的 BUMP 文件夹中。

（4）将考生文件夹下 SEED 文件夹中的文件 CHIRIST.AVE 设置为隐藏和只读。

（5）将考生文件夹下 KENT 文件夹中的文件 MONITOR.CDX 移动到考生文件夹下的 KUNTER 文件夹中，并改名为 CONSOLE.CDX。

三、字处理题

打开考生文件夹下的文档 WORD1.docx，按照要求完成下列操作并保存。

【文档开始】

高速 CMOS 的静态功耗

在理想情况下，CMOS 电路在非开关状态时没有直流电流从电源 Vcc 到地，因而器件没有静态功耗。

对所有的 CMOS 器件，漏电流通常用 Icc 表示。这是当全部输入端加上 Vcc 或地电平和全部输出端开路时从 Vcc 到地的直流电流。

然而，由于半导体本身的特性，在反向偏置的二极管 PN 结必然存在着微小的漏电流。这些漏电流是由在二极管区域内热产生的载流子造成的，当温度上升时，热产生载流子的数目增加，因而漏电流增大。

对 54/74HC 系列，在一般手册中均给出了在 25℃（室温）、85℃、125℃时的 Icc 规范值。

          Vcc=5V 时 54/74HC 电路的功耗电流表（单位：uA）

温度（℃）	门电路	中规模电路
25	2	8

| 85 | 20 | 80 |
| 125 | 40 | 160 |

【文档结束】

（1）将标题段文字（"高速 CMOS 的静态功耗"）设置为小二号、蓝色、黑体、居中、字符间距加宽 2 磅、段后间距为 0.5 行。

（2）将正文各段文字（"在理想情况下……Icc 规范值。"）中的中文文字设置为 12 磅、宋体，英文文字设置为 12 磅、Arial 字体；将正文第三段（"然而……因而漏电流增大。"）移至第二段（"对所有的 CMOS 器件……直流电流。"）之前；设置正文各段首行缩进 2 字符、行距为 1.2 倍行距。

（3）设置页面上下边距各为 3 厘米。

（4）将文中最后 4 行文字转换成一个 4 行 3 列的表格；在第 2 列与第 3 列之间添加一列，并依次输入该列内容"缓冲器""4""40""80"；设置表格列宽为 2.5 厘米、行高为 0.6 厘米，表格居中。

（5）为表格第一行单元格添加黄色底纹；所有表格线设置为 1 磅红色单实线。

四、电子表格题

（1）打开考生文件夹下的 EXC.xlsx 文件：

① 将 Sheet1 工作表中的 A1:E1 单元格区域合并为一个单元格，水平对齐方式设置为居中；计算各单位三种奖项的合计，将工作表重命名为"各单位获奖情况表"。

② 选取"各单位获奖情况表"的 A2:D8 单元格区域的内容，建立"簇状柱形图"，X 轴为单位名，图表标题为"获奖情况图"，不显示图例，显示数据表和图例项标示，将图表插入工作表的 A10:E25 单元格区域内。

	A	B	C	D	E
1	某竞赛获奖情况表				
2	单位	一等奖	二等奖	三等奖	合计
3	A	14	48	39	
4	B	18	26	24	
5	C	22	36	48	
6	D	26	25	26	
7	E	24	18	22	
8	F	21	25	28	
9					

（2）打开考生文件夹下的工作簿文件 EXA.xlsx，对工作表"数据库技术成绩单"内数据清单的内容按主要关键字"系别"的降序次序和次要关键字"学号"的升序次序进行排序，对排序后的数据进行自动筛选，条件为考试成绩大于或等于 80 且实验成绩大于 17，

工作表名不变，工作簿名不变。

	A	B	C	D	E	F	G
1	系别	学号	姓名	考试成绩	实验成绩	总成绩	
2	信息	'991021	李新	77	16	77.6	
3	计算机	'992032	王文辉	87	17	86.6	
4	自动控制	'993023	张磊	75	19	79	
5	经济	'995034	郝心怡	86	17	85.8	
6	信息	'991076	王力	91	15	87.8	
7	数学	'994056	孙英	77	14	75.6	
8	自动控制	'993021	张在旭	60	14	62	
9	计算机	'992089	金翔	73	18	76.4	
10	计算机	'992005	杨海东	90	19	91	
11	自动控制	'993082	黄立	85	20	88	
12	信息	'991062	王春晓	78	17	79.4	
13	经济	'995022	陈松	69	12	67.2	
14	数学	'994034	姚林	89	15	86.2	
15	信息	'991025	张雨涵	62	17	66.6	
16	自动控制	'993026	钱民	66	16	68.8	
17	数学	'994086	高晓东	78	15	77.4	
18	经济	'995014	张平	80	18	82	
19	自动控制	'993053	李英	93	19	93.4	
20	数学	'994027	黄红	68	20	74.4	
21							

五、演示文稿题

打开考生文件夹下的演示文稿 yswg.pptx，按照下列要求完成对此文稿的修饰并保存。

（1）在演示文稿开始处插入一张"仅标题"幻灯片，作为文稿的第一张幻灯片，标题输入"龟兔赛跑"，文本设置为"加粗""66 磅"；将第二张幻灯片中图片的动画效果设置为"切入""自左侧"。

（2）使用演示文稿"设计"选项卡中的"复合"主题修饰全文。全部幻灯片的切换效果设置成"平移"。

六、上网题

　　某模拟网站的主页地址是 HTTP://LOCALHOST:65531/ExamWeb/INDEX.HTM，打开此主页，浏览"天文小知识"页面，查找"水星"的页面内容，并将它以文本文件的格式保存到考生目录下，命名为"shuixing.txt"。

模拟试题（三）

一、选择题

（1）字长是 CPU 的主要性能指标之一，它表示（　　）。

    A．CPU 一次能处理的二进制数据的位数

    B．最长的十进制整数的位数

    C．最大的有效数字位数

    D．计算的有效数字长度

（2）下列英文缩写和中文名字的对照中，正确的是（　　）。

    A．CAD——计算机辅助制造　　　　　B．CAM——计算机辅助教育

    C．CIMS——计算机集成制造系统　　　D．CAI——计算机辅助设计

（3）在下列软件中，属于应用软件的有（　　）。

    ① WPS Office 2010；② Windows 7；③ 财务管理软件；

    ④ UNIX；⑤ 学籍管理系统；⑥ MS-DOS；⑦ Linux。

    A．①，②，③　　　　　　　　　　　B．①，③，⑤

    C．①，③，⑤，⑦　　　　　　　　　D．②，④，⑥，⑦

（4）汉字国标码（GB/T 2312—1980）把汉字分成（　　）。

    A．简化字和繁体字两个等级

    B．一级汉字、二级汉字和三级汉字三个等级

    C．一级常用汉字、二级次常用汉字两个等级

    D．常用字、次常用字、罕见字三个等级

（5）影响一台计算机性能的关键部件是（　　）。

    A．CD-ROM　　　　　　　　　　　　B．硬盘

    C．CPU　　　　　　　　　　　　　　D．显示器

（6）微机的硬件系统中，最核心的部件是（　　）。

    A．内存储器　　　　　　　　　　　　B．输入/输出设备

    C．CPU　　　　　　　　　　　　　　D．硬盘

（7）在 ASCII 码表中，根据码值由小到大的排列顺序是（　　）。

    A．空格、数字、大写英文字母、小写英文字母

    B．数字、空格、大写英文字母、小写英文字母

    C．空格、数字、小写英文字母、大写英文字母

    D．数字、大写英文字母、小写英文字母、空格

（8）下列叙述中，错误的是（　　　）。

    A．硬盘在主机机箱内，它是主机的组成部分

    B．硬盘是外部存储器之一

    C．硬盘的技术指标之一是每分钟的转数 rpm

    D．硬盘与 CPU 之间不能直接交换数据

（9）下列各项中，正确的电子邮箱地址是（　　　）。

    A．L200@sina.com   B．TT202#yahoo.com

    C．A112.256.23.8   D．K201yahoo.com.cn

（10）现代微型计算机中所采用的电子器件是（　　　）。

    A．电子管   B．晶体管

    C．小规模集成电路   D．大规模和超大规模集成电路

（11）在计算机指令中，规定其所执行操作功能的部分称为（　　　）。

    A．地址码   B．源操作数

    C．操作数   D．操作码

（12）计算机的系统总线是计算机各部件间传递信息的公共通道，它分为（　　　）。

    A．数据总线和控制总线

    B．地址总线和数据总结

    C．数据总线、控制总线和地址总线

    D．地址总线和控制总线

（13）五笔字型输入法属于（　　　）。

    A．音码输入法   B．形码输入法

    C．音形结合的输入法   D．联想输入法

（14）组成 CPU 的主要部件是控制器和（　　　）。

    A．存储器   B．运算器

    C．寄存器   D．编辑器

（15）计算机操作系统通常具有的五大功能是（　　　）。

    A．CPU 管理、显示器管理、键盘管理、打印机管理和鼠标器管理

    B．硬盘管理、CPU 管理、显示器管理和键盘管理

    C．处理器（CPU）管理、存储管理、文件管理、设备管理和作业管理

    D．启动、打印、显示、文件存取和关机

（16）在下列字符中，其 ASCII 码值最大的一个是（　　　）。

    A．Z   B．9   C．空格   D．a

（17）组成一个计算机系统的两大部分是（　　　）。

    A．系统软件和应用软件   B．主机和外部设备

C．硬件系统和软件系统　　　　　　D．主机和输入/输出设备

（18）冯·诺依曼（von Neumann）在他的 EDVAC 计算机方案中，提出了两个重要的概念，它们是（　　　）。

A．采用二进制和存储器的概念　　　B．引入 CPU 和内存储器的概念

C．机器语言和十六进制　　　　　　D．ASCII 编码和指令系统

（19）计算机病毒除通过读/写或复制移动存储器上带病毒的文件传染外，另一条主要的传染途径是（　　　）。

A．网络　　　　　　　　　　　　　B．电源电缆

C．键盘　　　　　　　　　　　　　D．输入有逻辑错误的程序

（20）Internet 实现了分布在世界各地的各类网络的互联，其最基础和核心的协议是（　　　）。

A．HTTP　　　　　　　　　　　　B．TCP/IP

C．HTML　　　　　　　　　　　　D．FTP

二、基本操作题

（1）将考生文件夹下 NAOM 文件夹中的 TRAVEL.DBF 文件删除。

（2）将考生文件夹下 HQWE 文件夹中的 LOCK.FOR 文件复制到同一文件夹中，文件名为 USER.FOR。

（3）为考生文件夹下 WALL 文件夹中的 PBOB.BAS 文件建立名为 KPB 的快捷方式，并存放在考生文件夹下。

（4）将考生文件夹下 WETHEAR 文件夹中的 PIRACY.TXT 文件移动到考生文件夹中，并改名为 MICROSO.TXT。

（5）在考生文件夹下的 JIBEN 文件夹中创建名为 A2TNBQ 的文件夹，并设置其属性为隐藏。

三、字处理题

（1）打开考生文件夹下的文档 WORD1.docx，按照要求完成下列操作并保存。

【文档开始】

信息安全影响我国进入电子社会

随着网络经济和网络社会时代的到来，我国的军事、经济、社会、文化各方面都越来越依赖于网络。与此同时，也出现了利用网络盗用他人账号，窃取科技、经济情报等电子攻击现象。

今年春天，我国有人利用普通的技术手段，轻而易举地从多个商业站点窃取到 8 万个信用

卡号和密码，并标价 26 万元出售。

与传统的金融管理方式相比，金融电子化如同金库建在电脑里，把钞票存在数据库里，资金流动在电脑网络里，金融电脑系统已经成为犯罪活动的新目标。

据有关资料，美国金融界每年由于电脑犯罪造成的经济损失近百亿美元。我国金融系统发生的电脑犯罪也呈逐年上升趋势。近年来最大一起犯罪案件造成的经济损失高达人民币 2100 万元。

【文档结束】

① 将文中所有"电脑"替换为"计算机"；将标题段文字（"信息安全影响我国进入电子社会"）设置为三号、黑体、红色、倾斜、居中并添加蓝色底纹。

② 将正文各段文字（"随着网络经济……高达人民币 2100 万元。"）设置为五号、楷体；各段左、右各缩进 0.5 字符，首行缩进 2 字符，1.5 倍行距，段前间距为 0.5 行。

③ 将正文第三段（"与传统的金融管理方式相比……新目标。"）分为等宽两栏，栏宽为 18 字符；给正文第四段（"据有关资料……2100 万元。"）添加项目符号"■"。

（2）打开考生文件夹下的文档 WORD2.docx，按照要求完成下列操作并保存。

【文档开始】

3902 班成绩表

姓名	计算机基础	高等数学	物理	平均成绩
魏延延	64	50	53	
杜庆生	80	78	85	
周京生	76	86	91	
万里	70	40	62	

【文档结束】

① 将表格上端的标题文字设置成三号、仿宋、加粗、居中；计算表格中各学生的平均成绩。

② 将表格中的文字设置成小四号、宋体，对齐方式为水平居中；数字设置成小四号、Times New Roman、加粗，对齐方式为中部右对齐；小于 60 分的平均成绩用红色表示。

四、电子表格题

（1）打开考生文件夹下的 EXC.xlsx 文件，将 Sheet1 工作表的 A1:D1 单元格区域合并为一个单元格，水平对齐方式设置为居中；计算"总计"行的内容和"人员比例"列的内容（人员比例=数量/数量的总计，单元格格式的数字分类为百分比，小数位数为 2），将工作表重命名为"人力资源情况表"。

	A	B	C	D
1	某企业人力资源情况表			
2	人员类型	数量	工资额度（万元）	人员比例
3	市场销售	42	31.5	
4	研究开发	83	67.8	
5	工程管理	56	40.1	
6	售后服务	49	35.6	
7	总计			

（2）选取"人力资源情况表"的"人员类型"和"人员比例"两列的内容（"总计"行的内容除外），建立"分离型三维饼图"，标题为"人力资源情况图"，不显示图例，数据标志为"显示百分比及类型名称"，将图表插入工作表的 A9:D20 单元格区域内。

五、演示文稿题

打开考生文件夹下的演示文稿 yswg.pptx，按照下列要求完成对此文稿的修饰并保存。

（1）将第二张幻灯片版式的改为"标题和内容"，文本部分的动画效果设置为"向内溶解"；在演示文稿的开始处插入一张"仅标题"幻灯片，作为文稿的第一张幻灯片，标题输入"家电价格还会降吗？"，字体设置为"加粗""66 磅"。

（2）将第一张幻灯片的背景设置为预设渐变填充色"麦浪滚滚"，类型方向为"线性向下"。全部幻灯片的切换效果设置为"形状"。

六、上网题

向部门经理发一封 E-Mail，并将考生文件夹下的 Word 文档 Sell.docx 作为附件一起发送，同时抄送给总经理。

具体如下：

【收件人】zhangdeli@126.com

【抄送】wenjiangzhou@126.com

【主题】销售计划演示

【内容】发去全年季度销售计划文档，在附件中，请审阅。

模拟试题（四）

一、选择题

（1）世界上公认的第一台计算机诞生的年份是（　　）。

    A．1943 年   B．1946 年   C．1950 年   D．1951 年

（2）构成 CPU 的主要部件是（　　）。

    A．内存和控制器   B．内存、控制器和运算器

    C．高速缓存和运算器   D．控制器和运算器

（3）二进制数 110001 转换成十进制数是（　　）。

    A．47   B．48   C．49   D．51

（4）假设某台式计算机内存储器的容量为 1 KB，其最后一个字节的地址是（　　）。

    A．1023H   B．1024H   C．0400H   D．03FFH

（5）组成微型机主机的部件是（　　）。

    A．CPU、内存和硬盘

    B．CPU、内存、显示器和键盘

    C．CPU 和内存

    D．CPU、内存、硬盘、显示器和键盘

（6）已知英文字母 m 的 ASCII 码值为 6DH，那么字母 q 的 ASCII 码值是（　　）。

    A．70H   B．71H   C．72H   D．6FH

（7）一个字长为 6 位的无符号二进制数能表示的十进制数值范围是（　　）。

    A．0～64   B．1～64   C．1～63   D．0～63

（8）下列设备中，可以作为微机输入设备的是（　　）。

    A．打印机   B．显示器   C．鼠标器   D．绘图仪

（9）一个汉字的国标码需用两个字节存储，其每个字节的最高二进制位的值分别为（　　）。

    A．0，0   B．1，0   C．0，1   D．1，1

（10）下列各项中，属于非法 IP 地址的是（　　）。

    A．202.96.12.14   B．202.196.72.140

    C．112.256.23.8   D．201.124.38.79

（11）下列度量单位中，用来度量计算机外部设备传输率的是（　　）。

    A．MB/s   B．MIPS   C．GHz   D．MB

（12）计算机系统软件中最核心、最重要的是（　　　）。

  A．语言处理系统   B．数据库管理系统

  C．操作系统   D．诊断程序

（13）计算机的硬件系统主要包括：存储器、输入设备、输出设备和（　　　）。

  A．中央处理器   B．显示器   C．磁盘驱动器   D．打印机

（14）根据域名代码规定，表示教育机构网站的域名代码是（　　　）。

  A．net   B．com   C．edu   D．org

（15）微机上广泛使用的 Windows 7 是（　　　）。

  A．多用户多任务操作系统   B．单用户多任务操作系统

  C．实时操作系统   D．多用户分时操作系统

（16）现代计算机中采用二进制数制是因为二进制数的优点是（　　　）。

  A．代码表示简短，易读

  B．物理上容易实现且简单可靠；运算规则简单；适合逻辑运算

  C．容易阅读，不易出错

  D．只有 0、1 两个符号，容易书写

（17）十进制整数 86 转换成无符号二进制整数是（　　　）。

  A．01011110   B．01010100   C．01010101   D．01010110

（18）把用高级语言编写的程序转换为可执行程序，要经过的过程叫（　　　）。

  A．汇编和解释   B．编辑和链接

  C．编译和链接   D．解释和编译

（19）运算器（ALU）的功能是（　　　）。

  A．只能进行逻辑运算   B．对数据进行算术运算或逻辑运算

  C．只能进行算术运算   D．做初等函数的计算

（20）KB（千字节）是度量存储器容量大小的常用单位之一，1 KB 等于（　　　）。

  A．1000 个字节   B．1024 个字节

  C．1000 个二进位   D．1024 个字

二、基本操作题

（1）在考生文件夹下的 HUOW 文件夹中创建名为 DBP8.TXT 的文件，并设置其属性为只读。

（2）将考生文件夹下 JPNEQ 文件夹中的 AEPH.BAK 文件复制到考生文件夹下的 MAXD 文件夹中，文件名改为 MAHF.BAK。

（3）为考生文件夹下 MPEG 文件夹中的 DEVAL.EXE 文件建立名为 KDEV 的快捷方式，并存放在考生文件夹下。

（4）将考生文件夹下 ERPO 文件夹中的 SGACYL.DAT 文件移动到考生文件夹下，并改名为 ADMICR.DAT。

（5）搜索考生文件夹下的 ANEMP.FOR 文件，然后将其删除。

三、字处理题

对考生文件夹下 WORD.docx 文档中的文字进行编辑、排版和保存，具体要求如下。

【文档开始】

第二代计算机网络——多个计算机互联的网络

20 世纪 60 年代末出现了多个计算机互联的计算机网络，这种网络将分散在不同地点的计算机经通信线路互联。它由通信子网和资源子网（第一代网络）组成，主机之间没有主从关系，网络中的多个用户通过终端不仅可以共享本主机上的软件、硬件资源，还可以共享通信子网中其他主机上的软件、硬件资源，故这种计算机网络也称共享系统资源的计算机网络。

第二代计算机网络的典型代表是 20 世纪 60 年代美国国防部高级研究计划局的网络 ARPANET（Advanced Research Project Agency Network）。面向终端的计算机网络的特点是网络上用户只能共享一台主机中的软件、硬件资源，而多个计算机互联的计算机网络上的用户可以共享整个资源子网上所有的软件、硬件资源。

某公司某年度业绩统计表

	第一季	第二季	第三季	第四季	全年合计
部门 A	12000	6000	8000	15000	41000
部门 B	20000	7000	8500	13000	48500
部门 C	10000	8000	7600	12000	37600
部门 D	14000	7500	7700	13500	42700
季度总计					

【文档结束】

（1）将标题段（"第二代计算机网络——多个计算机互联的网络"）文字设置为三号、楷体、红色、加粗、居中并添加蓝色底纹。将表格标题段（"某公司某年度业绩统计表"）文字设置为小三号、加粗、加下划线。

（2）将正文各段落（"20 世纪 60 年代末……硬件资源。"）中的西文文字设置为小四号、Times New Roman 字体，中文文字设置为小四号、仿宋；各段落首行缩进 2 字符、段前间距为 0.5 行。在"某公司某年度业绩统计表"前进行段前分页。

（3）设置正文第二段（"第二代计算机网络的典型代表……硬件资源。"）为 1.3 倍行距，首字下沉 2 行；在页面底端（页脚）居中位置插入页码（首页显示页码）；将正文第一段（"20世纪60年代末……计算机网络。"）分成等宽的三栏。

（4）计算"季度总计"行的值；将"全年合计"列从大到小降序排序，"季度总计"行除外。

（5）设置表格居中，表格第一列列宽为2.5厘米；设置表格所有内框线为1磅蓝色单实线，表格所有外框线为3磅黑色单实线，为第一个单元格（第一行、第一列）画斜下框线（1磅蓝色单实线）。

四、电子表格题

（1）打开考生文件夹下的EXCEL.xlsx文件，将Sheet1工作表的A1:G1单元格区域合并为一个单元格，内容水平居中；用公式计算近三年月平均气温，单元格格式的数字分类为数值，保留小数点后2位；将A2:G6单元格区域的底纹图案设置为6.25%灰色；将工作表重命名为"月平均气温统计表"，保存文件。

	A	B	C	D	E	F	G
1	某地区近三年月平均气温统计表						
2	月份	一月	二月	三月	四月	五月	六月
3	2003年	2.3	5.1	10.6	15.7	24.5	30.1
4	2004年	2.5	5.3	10.9	15.1	24.2	29.6
5	2005年	2.2	5.2	10.3	15.3	25	30.5
6	近三年月平均气温						

（2）选取"月平均气温统计表"的A2:G2和A6:G6单元格区域，建立"簇状柱形图"，标题为"月平均气温统计图"，图例位置靠上；将图表插入工作表的A8:G20单元格区域内；保存文件。

五、演示文稿题

打开考生文件夹下的演示文稿yswg.pptx，按照下列要求完成对此文稿的修饰并保存。

（1）将整个演示文稿设置成"时装设计"主题；将全部幻灯片的切换效果设置成"分割"。

（2）将第二张幻灯片中对象部分的动画效果设置为"向内溶解"；在演示文稿的开始处插入一张"标题幻灯片"，作为文稿的第一张幻灯片，主标题输入"讽刺与幽默"，并设置字体为60磅、加粗、红色（请用自定义标签中的红色250、绿色1、蓝色1）。

笑话：形象的比喻

- "爸爸，步枪跟机关枪有什么区别？" "孩子，这就像你爸爸说了一句话，你妈妈跟着要说半天一样。"

友谊天长地久

六、上网题

接收并阅读由 luoyingjie@cuc.edu.cn 发来的邮件，并立即回复，回复内容为 "您需要的资料已经寄出，请注意查收！"。

模拟试题（五）

一、选择题

（1）设任意一个十进制整数为 D，转换成二进制数为 B。根据数制的概念，下列叙述中正确的是（　　）。

  A．数字 B 的位数＜数字 D 的位数 B．数字 B 的位数≤数字 D 的位数

  C．数字 B 的位数≥数字 D 的位数 D．数字 B 的位数＞数字 D 的位数

（2）网络用户使用的电子邮箱通常建在（　　）。

  A．用户的计算机上 B．发件人的计算机上

  C．ISP 的邮件服务器上 D．收件人的计算机上

（3）下列软件中，属于系统软件的是（　　）。

  A．C++编译程序 B．Excel 2010

  C．学籍管理系统 D．财务管理系统

（4）区位码输入法的最大优点是（　　）。

  A．只用数字输入，方法简单、容易记忆 B．易记、易用

  C．一字一码，无重码 D．编码有规律，不易忘记

（5）存储一个 48×48 点阵的汉字字形码需要的字节数是（　　）。

  A．384 B．144 C．256 D．288

（6）计算机指令由两部分组成，它们是（　　）。

  A．运算器和运算数 B．操作数和结果

  C．操作码和操作数 D．数据和字符

（7）微机的销售广告"P4 2.4G/256M/80G"中，2.4G 表示（　　）。

  A．CPU 的运算速度为 2.4G MIPS

  B．CPU 为 Pentium 4 的 2.4 代

  C．CPU 的时钟主频为 2.4 GHz

  D．CPU 与内存间的数据交换速率是 2.4 Gbps

（8）随着 Internet 的发展，越来越多的计算机感染病毒的可能途径之一是（　　）。

  A．从键盘上输入数据

  B．通过电源线

  C．所使用的光盘表面不清洁

  D．通过 Internet 的 E-Mail，附着在电子邮件中

（9）在计算机中，对汉字进行传输、处理和存储时使用汉字的（　　　）。

    A．字形码　　　　B．国标码　　　　C．输入码　　　　D．机内码

（10）下列选项中，不属于显示器的主要技术指标的是（　　　）。

    A．分辨率　　　　　　　　　　　B．重量

    C．像素的点距　　　　　　　　　D．显示器的尺寸

（11）TCP 协议的主要功能是（　　　）。

    A．对数据进行分组　　　　　　　B．确保数据的可靠传输

    C．确定数据传输路径　　　　　　D．提高数据传输速度

（12）下列关于 CPU 的叙述中，正确的是（　　　）。

    A．CPU 能直接读取硬盘上的数据

    B．CPU 能直接与内存储器交换数据

    C．CPU 主要组成部分是存储器与控制器

    D．CPU 主要用来执行算术运算

（13）下列叙述中，正确的是（　　　）。

    A．用高级语言编写的程序称为源程序

    B．计算机能直接识别、执行用汇编语言编写的程序

    C．用机器语言编写的程序执行效率最低

    D．不同型号的 CPU 具有相同的机器语言

（14）对 CD-ROM 光盘可以进行的操作是（　　　）。

    A．读或写　　　　　　　　　　　B．只能读不能写

    C．只能写不能读　　　　　　　　D．能存不能取

（15）无符号二进制整数 1011000 转换成十进制数是（　　　）。

    A．76　　　　　B．78　　　　　C．88　　　　　D．90

（16）办公自动化（OA）是计算机的一项应用，按计算机应用的分类，它属于（　　　）。

    A．科学计算　　　　　　　　　　B．辅助设计

    C．实时控制　　　　　　　　　　D．信息处理

（17）在标准 ASCII 码表中，已知英文字母 A 的十进制码值是 65，则英文字母 a 的十进制码值是（　　　）。

    A．95　　　　　B．96　　　　　C．97　　　　　D．91

（18）下列关于因特网上收/发电子邮件优点的描述中，错误的是（　　　）。

    A．不受时间和地域的限制，只要能接入因特网，就能收发电子邮件

    B．方便、快捷

    C．费用低廉

    D．收件人必须在原电子邮箱申请地接收电子邮件

（19）以下说法中，正确的是（　　　）。

  A．域名服务器（DNS）中存放 Internet 主机的 IP 地址

  B．域名服务器（DNS）中存放 Internet 主机的域名

  C．域名服务器（DNS）中存放 Internet 主机的域名和 IP 地址对照表

  D．域名服务器（DNS）中存放 Internet 主机的电子邮箱地址

（20）在计算机存储器中，组成一个字节的二进制位数是（　　　）。

  A．4 bit   B．8 bit   C．16 bit   D．32 bit

二、基本操作题

（1）在考生文件夹下的 GOOD 文件夹中新建一个文件夹 FOOT。

（2）将考生文件夹下 JIAO\SHOU 文件夹中的 LONG.DOC 文件重命名为 DUA.DOC。

（3）搜索考生文件夹下的 DIAN.EXE 文件，然后将其删除。

（4）将考生文件夹下 CLOCK\SEC 文件夹中的文件夹 ZHA 复制到考生文件夹下。

（5）为考生文件夹下的 TABLE 文件夹建立名为 IT 的快捷方式，存放在考生文件夹下的 MOON 文件夹中。

三、字处理题

对考生文件夹下 WORD.docx 文档中的文字进行编辑、排版和保存，具体要求如下。

【文档开始】

蛙泳

蛙泳是一种模仿青蛙游泳动作的游泳姿势，也是最古老的一种泳姿，早在 2000～4000 年前，在中国、罗马、埃及就有类似这种姿势的游泳。

18 世纪中期，在欧洲，蛙泳被称为"青蛙泳"。

在 20 世纪初期的自由泳（不规定姿势的自由游泳）比赛中，蛙泳不如其他姿势快，使得蛙泳技术受到排挤。在当时的游泳比赛中，一度没有人愿意采用蛙泳技术参加比赛，随后国际泳联规定了泳姿，蛙泳技术才得以发展。

蛙泳的技术环节分为：蛙泳身体姿势、蛙泳腿部技术、蛙泳手臂技术、蛙泳配合技术。

蛙泳世界纪录一览表

项目	世界纪录	创造纪录日期	创造纪录地点
男子 50 米	27.18	2002 年 8 月 2 日	柏林
男子 100 米	59.30	2004 年 7 月 8 日	加利福尼亚
男子 200 米	2:09.04	2002 年 7 月 8 日	加利福尼亚
女子 50 米	30.57	2002 年 7 月 30 日	曼彻斯特

| 女子 100 米 | 1:06.37 | 2003 年 7 月 21 日 | 巴塞罗那 |
| 女子 200 米 | 2:22.99 | 2001 年 4 月 13 日 | 杭州 |

【文档结束】

（1）将标题段文字（"蛙泳"）设置为二号、红色、黑体、加粗、字符间距加宽 20 磅、段后间距为 0.5 行。

（2）设置正文各段落（"蛙泳是一种……蛙泳配合技术。"）左、右各缩进 1.5 字符，行距为固定值 18 磅。

（3）在页面底端（页脚）居中位置插入大写罗马数字页码，起始页码设置为"Ⅳ"。

（4）将文中最后 7 行文字转换成一个 7 行 4 列的表格，设置表格居中，并以"根据内容调整表格"选项自动调整表格，设置所有文字水平居中。

（5）设置表格外框线为 3 磅蓝色单实线、内框线为 1 磅蓝色单实线；设置表格第一行为黄色底纹；设置表格所有单元格上、下边距均为 0.1 厘米。

四、电子表格题

（1）打开考生文件夹下的工作簿文件 EXCEL.xlsx，将工作表 Sheet1 的 A1:F1 单元格区域合并为一个单元格，内容水平居中，计算"合计"列的内容，将工作表重命名为"商场销售情况表"。

	A	B	C	D	E	F
1	某商场销售情况表（单位：万元）					
2	部门名称	第一季度	第二季度	第三季度	第四季度	合计
3	家电部	26.4	72.4	34.5	63.5	
4	服装部	35.6	23.4	54.5	58.5	
5	食品部	46.2	54.6	64.7	67.9	

（2）选取"商场销售情况表"的"部门名称"列和"合计"列的单元格内容，建立"簇状棱锥图"，X 轴上的项为部门名称，图表标题为"商场销售情况图"，插入工作表的 A7:F18 单元格区域内。

五、演示文稿题

打开考生文件夹下的演示文稿文件 yswg.pptx，按照下列要求对此文稿进行修饰并保存。

养老保险如何走向社会化

- 过去：人们"养儿防老"，多子多孙为多福；
- 后来：人们靠企业养老，"谁的职工谁来养"；
- 现在：人们养老靠社会化。

失业保险到底该怎么保

- 过去：三个人的活五个人干，大家都吃大锅饭；
- 后来：向市场经济转轨，许多职工纷纷下岗；
- 现在："下岗"一词也将下岗，人们将直接失业。

医疗保险怎样让人看得起病？

- 过去：人们生病有公费医疗；
- 后来：企业不景气，医药报销越来越难；
- 现在：医院在改革，人们的观念也在变。

（1）使用"主管人员"主题修饰演示文稿全文；幻灯片切换效果全部设置为"切出"。

（2）将第二张幻灯片的版式设置为"标题和内容"，把这张幻灯片移为第三张幻灯片；将第二张幻灯片中文本部分的动画效果设置为"飞入""自底部"。

六、上网题

向课题组成员小赵和小李分别发一封 E-Mail，主题为"紧急通知"，具体内容为"本周二下午一时，在学院会议室进行课题讨论，请勿迟到缺席！"。

发送地址分别是 zhaoguoli@cuc.edu.cn 和 lijianguo@cuc.edu.cn。

参考文献

［1］蒋科辉，刘洋．大学信息技术实验指导［M］．第 2 版．北京：航空工业出版社，2016．

［2］吴剑云，文灿华．计算机应用基础实训指导与练习［M］．北京：航空工业出版社，2018．

［3］杨晶．计算机应用基础项目化实训教程［M］．第 5 版．上海：上海交通大学出版社，2014．

［4］谢昌兵，戴成秋，曾勤超．计算机应用基础实训指导［M］．上海：上海交通大学出版社，2016．

［5］郭崇云，高晓琴，杨荣光．计算机基础项目实训［M］．第 4 版．上海：上海交通大学出版社，2014．

参考文献

[1]
[2]
[3]
[4]
[5]